中国人民解放軍 知られたくない真実

変貌する「共産党の軍隊」の実像

「月刊中国」主幹 ジャーナリスト
鳴霞
Meika

潮書房光人社

《推薦のことば》

人民解放軍の正体と野望を知るには、この本を！

評論家　黄　文雄

中国共産党は中華人民共和国を超える存在だが、中国人民解放軍は党を超える存在でもある。

かつて、軍が党を指揮すべきか、党が軍を指揮すべきか、という論争があった。現実には、中華人民共和国は国共内戦の勝利から生まれたもので、今の中国は人民解放軍あってのものである。軍も「われわれあっての中国だ」といつも口にしている。

中国の国家指導者は、党・政だけでなく軍を掌握しなければ、国家・社会を安定させることはできない。だから人民解放軍は、中国にとってだけでなく、世界にとっても格別な存在といえる。

たしかに改革開放後、軍営企業は「ひかえめ」になったものの、軍人資本家はなお健在、中国の80パーセント以上の億万長者が軍人である。軍事予算は年々2桁増、中国の軍拡は、もはや誰であろうと阻止できなくなっている。

中国軍人の国家観・世界観については朱成虎、遲浩田2人の将軍の発言が代表的である。

朱将軍によれば――、

人間は人口問題で核戦争を避けては通れない。そして核戦争になれば、中国は絶対に勝つ。だから、核戦争をやるなら早ければ早いほどよい。勝てば中国は、世界のすべてを手中にできる……。

遲将軍によれば――、

そもそもアメリカは中国のもの、コロンブスに白人用にされてしまった。アメリカとの戦争には化学兵器よりも生物兵器が有効だ。アメリカ回収後、中国人をアメリカやオーストラリアに移民させ、第2、第3の中国を作る……。

軍人は、一般の国民よりも好戦的、タカ派的なのはどこも同じで、2人の将軍の世界観が突出しているというよりも、現代中国人の持つ世界観の率直な表明であるといえるのではないだろうか。

人民解放軍の正体と野望がいかに危険なものであるかを、鳴霞氏は本書で明確に示してくれている。

きわめて正確な中国軍分析

軍事評論家・元空将　佐藤　守

著者の鳴霞さんは、中国遼寧省瀋陽市（旧満州・奉天市）の生まれで、1981年に中国航天部瀋陽市軍企業の戦闘機・ミサイル製造現場（旧満州航空機株式会社）の情報課日本語担当を務めた共産党のエリートであったが、その後日本に留学、2002年から「月刊中国」主幹として、日本のマスコミでは扱えない中国の内部情報を精力的に発信して注目されている。

日本統治下の良き満州時代の思い出を祖父から学んでいただけあって、来日後は現代日本人のあまりの「お人好し」ぶりに驚き、警鐘を鳴らし続けている。彼女の中国分析は、北京・上海などで「日中安保対話」を通じて見た私の分析とほぼ一致していて、きわめて正確だと思っている。

本書は2010年4月に彼女が出版した『中国人民解放軍の正体』（日新報道）に続き、膨張を続ける〝中国共産党軍〟の実像を紹介する貴重な書である。

今年2012年は世界の主要国指導者が一斉に交代する時期に当たるが、特に注目されるのは中国であり、とりわけ軍の動静は予断を許さない。日本の安全保障とアジアの安定に関心のある方にとっては必読の書である。

近隣のグロテスクなモンスターの実態

前衆議院議員　西村眞悟

鳴霞さんは、満州出身の方である。したがって、中国の実態を骨身にしみてご存知だ。19世紀以来、中国はイナゴのように満州に染みこんできて、遂に呑み込んだからである。長年にわたって、鳴霞さんは「月刊中国」を編集し、中国共産党が支配している支那の実態と内幕を最新情報でわれわれに提供してくれている。この活動は、まことにありがたく貴重なわが国に対する貢献である。

なぜなら、中国共産党の実態を知らなければ、わが国は国策を誤り、彼に籠絡され、また恫喝されて、存亡の危機に陥るからである。猛烈な勢いで核ミサイルの開発を続けている中国共産党に、日中友好の美名の下に長期にわたってODAという資金を提供し続けて、自ら核攻撃を受ける危機を作り出したのは、わが国の政府自身ではなかったか。

痛恨の思いでこの対中失策の歴史を振り返れば、いまわが国に死活的に必要なものは、中国の実態と内幕に関する正確な情報である。

そこでこの国家的要求に応えるかのように、このたび鳴霞さんは、急速に近代化してきた中国人民解放軍の実態を、最新情報を駆使してわれわれに提供してくれることになった。

それがすなわち本書である。

中国共産党の軍隊は、いまや多数の核ミサイルをわが国に狙いを定めて実戦配備し、海洋に進出してわが国のシーレーンを切断する能力を獲得した。この近隣のグロテスクなモンスターの実態を、われわれは本書によって知ることができる。

日本と台湾とアジアの平和のために日本国民に課せられた任務は、本書によって知り得た情報を基にして、この中国共産党の軍隊の暴虐を阻止するために、わが国の核抑止力を確保し、軍備を増強させることである。本書は、日本人必読の書だ。

深い知識と体験に裏打ちされた分析力

「大和心のつどひ」代表　吉村伊平

鳴霞先生に初めてお会いしたのは、20年程前になる。「大和心のつどひ」で中共の本質をお話しいただいていた「大陸帰還者協会」主宰の故・石原栄次（王再興）先生から、「この女性は若いが筋の通った方で、私の後継者となる人です」と紹介されたのである。

台湾生まれの石原先生は、かつては共産主義の闘士だったが、朝鮮戦争の捕虜の名簿を周恩来に渡すため大陸に渡ってそのまま拉致され、12年間下放の苦労を強いられて、共産主義の理想と現実の差を体験された。日本に亡命後に幾度も中共スパイによるテロに遭いながらも身を挺して日本人、日本政府、アメリカなどに中共の陰謀を訴えた方であった。

鳴霞先生は、石原先生の明察の通り深い知識、体験をもとに、大陸や自由世界の情報を収集・分析し、領土・軍事・資源・科学等への中共の侵略について、日本の各界に訴え続けて来られた。

本書は、日本の未来を担う若い方々にぜひ読んでいただきたい。

中国人民解放軍　知られたくない真実——目次

第5章　中国共産党と軍の権力争い

中国人民解放軍　知られたくない真実

——変貌する「共産党の軍隊」の実像

中国軍の配置と兵力

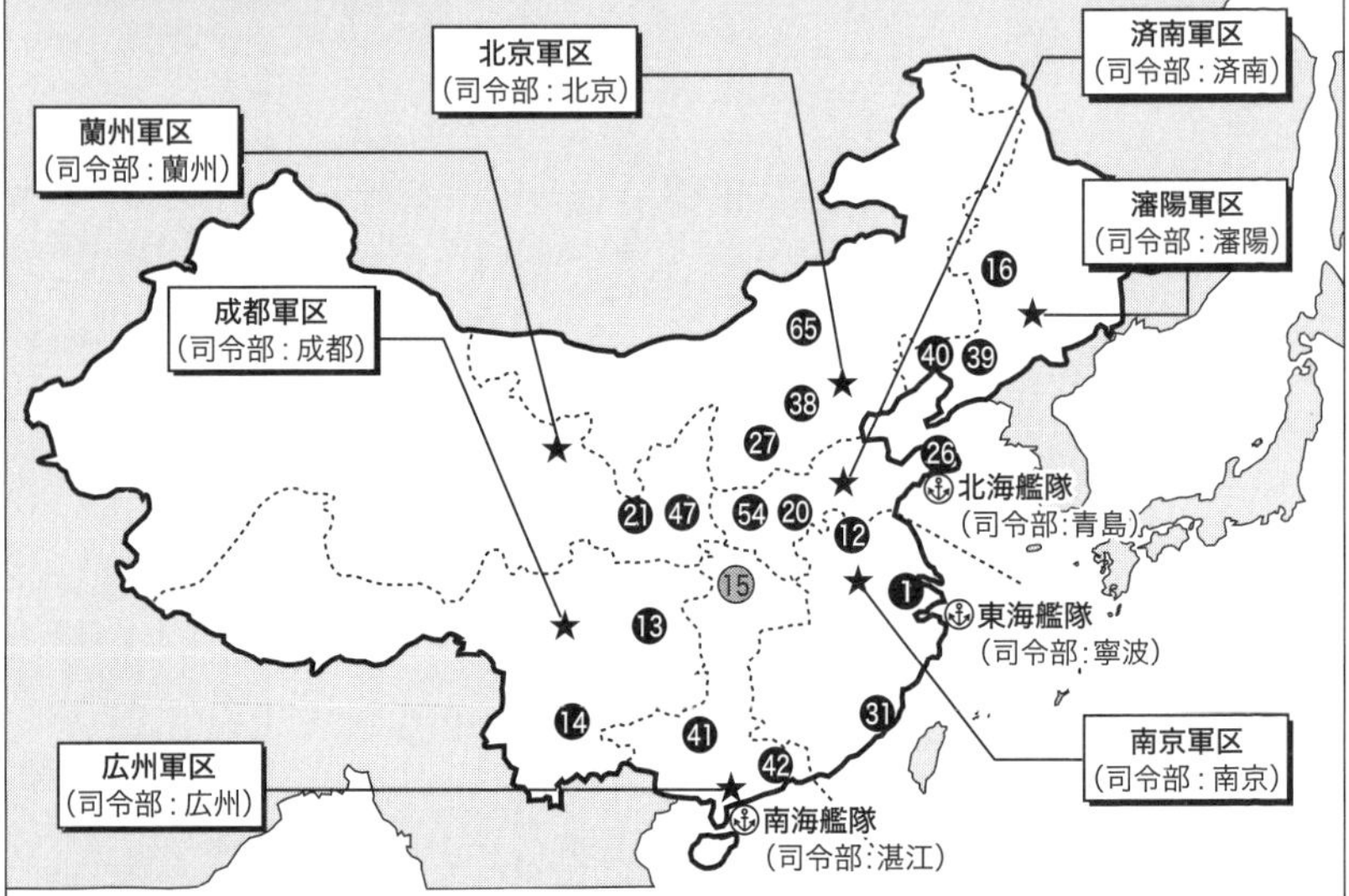

(注)陸軍と空軍の軍区は同一である。　★軍区司令部　⚓艦隊司令部　◎空挺軍(空軍)司令部
●集団軍(陸軍)司令部　集団軍は、数個の師団、旅団からなり、兵員は数万人規模である。　(平成23年度「防衛白書」)

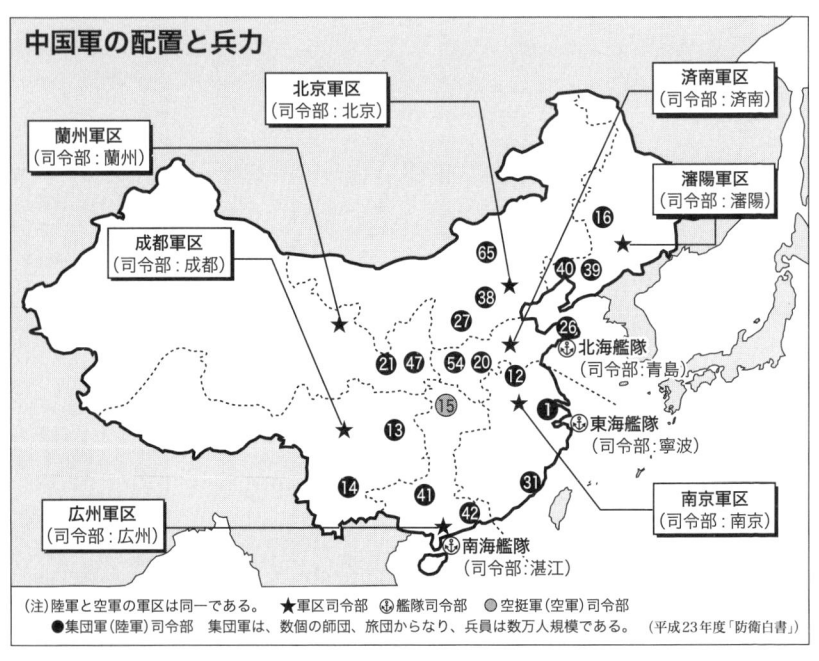

序章　崩れゆく中国社会——軍が党を支配する

中国崩壊の兆し

現在の中国では、退役軍人たちが全国各地でデモを繰り広げ、地方政府や警察との衝突では流血の事態となっており、その動乱は首都におよびつつある。

北京新華門にある人民解放軍総部にまで退役軍人の抗議の怒声は響き渡り、内部崩壊の危機感は軍官僚を震え上がらせている。「対日戦争を開始して人民解放軍に対する批判の矛先を日本に向けよう」という結論に至るまで、そう時間を要するものではない。

中国では法律を改正し、日本との合弁企業を軍の一存で収奪できるようにして戦争準備を着々と進め始めている。

多くの退役軍人の生活費は、年金による1ヵ月200元（約2600円）だけである。そんな中で現役軍人の給与を引き上げたのは、退役軍人たちの不満の火に油を注ぐ結果となった。

国防部長の梁光烈は、すべての問題を解決するために「東海艦隊は釣魚島（尖閣諸島の中国名）を奪還せよ」と叫び始めた。

毛沢東時代から、長い間「中国は先制攻撃をしない」といわれていた。共産党が完全に人民解放軍を支配していた時代である。

ところが、江沢民時代からは「核兵器で先制攻撃せよ」という軍の主張がそのまま採用されるに至った。軍が党を支配し始めたのである。

ここ10年間の中国では、「党の意向は中南海までしか届かない」といわれている。地方政府だけでなく、軍の指導者たちの権力は、胡錦濤国家主席や温家宝首相の国家権力を軽く凌駕しているのである。（注・中南海は北京市内の共産党本部、政府機関などがある地区。党・政府首脳部を示す隠語。日本なら「永田町」というところか）

白い猫でも黒い猫でも鼠を捕るのが良い猫だと人民を教育した結果、中国には「利益集団」「利権組織」が誕生した。上から下まで官僚たちの腐敗は深刻な状態まで進み、共産中国には道徳も正義も完全に消滅している。中国国内では、3年間でじつに1000万件を超えるデモが発生し、社会崩壊は一気に加速している。

江沢民時代に流行したことばに、「村の連中は村役人を騙し、村役人は県役人を騙し、県役人は国務院を騙す。2億人は騙しのテクニックを訓練中で、10億人が騙しを金儲けのテクニックだと考えている」というのがある。

他人を騙して自分だけ儲けようという行為が正当だと教育された人民は、中国共産党の「人減らし政策」によって海外に送り出されており、そこで現地人と結婚して国籍を取得し、鼠のように殖えてゆく。日本にはあと１０００万人の中国移民を受け入れさせることになっているというが、そうなれば日本社会は中国と歩みをそろえて崩壊に向かうことになる。

国内向けの軍のデモンストレーション

２０１０年7月26日、韓国哨戒艦沈没事件に対応して行なわれたアメリカと韓国による合同軍事演習を見せつけられた中国は、北海艦隊所在地の山東省で数百機の戦闘機を40分間もデモンストレーション飛行させた。中央軍事委員会主席の命令で実施されたものだが、どの戦闘機もポンコツで、「戦争になれば30分以内にアメリカ軍に全機撃墜されることは疑う余地はない」とまで、専門家にいわれている。

イラクのフセイン大統領は、イラク国民を騙してアメリカと戦争になった直後に大敗を喫したが、胡錦濤も人民を騙すためだけに戦闘機のジェット音を響かせたのである。

国内向けに軍の威勢を誇示している人民解放軍とすれば、国際社会が「中国の軍拡」「中国脅威論」などと騒いでくれることが嬉しくてしようがない。北海、東海、南海の3つの艦隊は、東アジアを恫喝する元凶になっている。南海艦隊は南沙諸島の領有権を主張してベトナムに圧力をかけ、ベトナムとアメリカの石油メジャー「エクソン」が共同開発していた油田の採掘を中止させた。怒ったエクソンはアメリカ政府に訴え、それを受けてクリントン国務長官は中国を厳しく批判した。

アメリカの批判に憤激した中国は、東海海域で実弾演習を繰り返し、米軍と韓国軍の合同演習を黄海で実施させなかった。これに対し、今度はアメリカと韓国が激怒したのである。中国は黄海をまるで自国の領海であるかのようにいい、米艦隊に対するミサイル攻撃にまで言及したのである。

中国中央テレビの報道によれば、このとき中国軍は「ベトナム戦争以来」の大規模な実弾演習を繰り広げたとのことだが、これは２０１２年秋に開催される中国共産党の第18回党大会において軍が主導権を握るため、人事配分を有利に進めるようとする工作でもあった。

このときの演習には、海軍司令官や広州軍区司令官らも参加しており、遠からず「南沙諸島攻略作戦」が動き出すであろう。

国内問題解決のための沖縄侵攻計画

国内の数億人の失業者、環境汚染の悪化、６４０以上の大都市における深刻な水不足、大都市の地盤沈下、10億人が感染している疾病などの問題が共産党指導部を苦しめていたのであるが、最近では数億人を海外に移住させなければ食糧不足が深刻化するという新たな問題も発生している。もはや中国は、外国と戦争する以外に生き残る方法を考えつかないようだ。

一連の問題を解決しようと考え出されたのが「沖縄略奪計画」である。中国の「先制攻撃はしない」というこれまでの鉄則は、すでに崩れている。日本領土に手を出すには在日米軍を駆逐しておかねばならない。

そのため、中国の東南海防衛用に射程距離300～600キロの短距離ミサイル網がきめ細かく設置された。さらに射程距離1800キロの巡航ミサイル「東海10」（DH-10）も配備し、敵国艦隊を攻撃する準備が完了したと、2010年7月22日の「国際先駆導報」（新華社）が紹介しているが、「弾道ミサイル、アジア最大の潜水艦隊、海岸のミサイル攻撃網の中国3大武器は、アメリカの空母部隊も20分で撃滅できる」と、「敵国」を挑発している。

米韓合同演習を「挑発」と断定している人民解放軍では、軍事演習に日本の自衛隊がオブザーバーとして参加したことにも神経を尖らせた。日本の外交官が「台湾は中国の一部ではない」と発言したことに対して、中国外交部が噛みつかなかったことに梁光烈国防部長は激怒、外交部に直接電話をいれて「外交部から日本に、沖縄を中国に返還せよとアピールするように」と恫喝したという。

外交部は梁光烈の申し入れを無視したが、直後のネット報道では、「梁は怒り狂っており、東海艦隊を沖縄に派遣し、そして釣魚島を奪還してくるよう全権命令をあたえた」と伝えられている。

アジア最大の軍事費の行方

貧富の差が激しい中国では軍隊だけが発展し、さらに2010年8月1日から現役軍人と武装警察兵士の給与は上がった。この給与改定により、排級、連級の軍人給与は1ヵ月4500～4800元になった。いままでが3500～3800元だったので、驚異的な伸びだ。校官（佐官）も4200～7800元だったものが、5200～8800元に上げられた。将軍、正軍職、正兵団職にいたっても、7800～2万1000元だったものが8800～2万2000元に微増している。

陸軍・海軍・空軍・ミサイル軍・武装警察の「解放軍5軍」の兵士給与にはほとんど差がない。最低480元の増額と40パーセントアップは約束されている。兵士たちの妻で専業主婦には毎月1000元の補助金が、駐屯する地方によって配給されることになっている。

「漢和防務評論」（カナダ）の2010年8月号の特集によれば、アジア最大の軍事費を誇っている人民解放軍は、2030年には現在の3倍に当たる約3000億ドル（約26兆円）の国防費を計上する予定だとのことである。

中国の軍事力は東アジアにおいて、日本・韓国・台湾を圧倒すると分析されている。海軍は、少なくとも予算的に4つの空母艦隊が編成可能である。現在は3隻と見られている戦略原潜についても、10隻に増やされるものと考えられている。戦略ミサイル部隊（第2砲兵）も、大陸間弾道弾（ICBM）はロシアに次ぐ推定約430基になると予想される。

２０１０年の国防費は１０００億ドルを超えると当局も認めているが、公式に発表されている数字は、当初予算５３２１億元（約７８５億ドル）でしかない。

アメリカは〝大国〟中国を受け入れよ

前述の実弾演習時、解放軍は、「在日米軍が中国のストレスである」と明らかにしており、沖縄の駐留米軍が撤退すれば、それに代わって解放軍が沖縄に駐屯すると表明している。

「人民日報」（２０１０年7月29日）は、米韓合同軍事演習に猛反発するのは当然だとし、「アメリカよ、本当に準備はいいのだろうな」という挑発的な特集を組んだ。また「鐘の音」という国際問題に関する同紙の社説を展開するコーナーでは、「中国は大国として国際舞台に登場するぞ。その時アメリカはどうするんだ。アメリカ政府要人は何度も、中国が繁栄する大国として登場することを歓迎するといいながら、最近の韓国との軍事演習は南シナ海を我が物とするアメリカの考え方を表わしている。アメリカに質問せざるを得ない。アメリカよ、本当に準備はいいのだろうな」と書いた。

「人民日報」は続けて、「アメリカの覇権は慢性的なものであり、挑戦を受ければ緊張を作り上げようとする。そうしているうちに、自分自身がケガをすることになるのだ」と、皮肉たっぷりに書いている。

さらに、「アメリカが中国の国際社会での浮上を受け入れる方法を見つけられなければ、世界、特に東アジアは不安定になる。アメリカと中国の関係の未来像は、アメリカが自らの衝動を抑制する努力にかかっている」と主張している。

10年前からアジア諸国の最大の懸念材料は、中国海軍の活動である。特に東シナ海情勢をめぐっては、アメリカのクリントン国務長官は、アメリカは当該地区に関与し続けると公言するにいたった。

中国は、「日本弱体化」のために、かなり以前から日本とアメリカの友好関係を悪化させるように工作している。また、日本の経済援助によって1980年代に入って中国経済が豊かになってきてからは、日本の歴史問題、教科書問題、尖閣諸島問題を「国民洗脳用」に作り上げた。

アメリカ、カナダ、オーストラリアなどの教科書には、「日本が中国を侵略した」という内容を掲載するように政治工作も果たした。

中国の日本「人口侵略」

海外にいる中国人学者や知識人たちは、中国が世界制覇のために世界中の資源を漁っている野心について熟知している。解放軍が南シナ海や東シナ海で、他国の領土・領海を侵略する活動も東海艦隊の使命になっていることを熟知している。

韓国、台湾、フィリピン、ベトナム、シンガポール、インドネシア、オーストラリアなどの国々の最大の懸念材料が「中国社会が突然崩壊する直前に、解放軍は一気に他国に侵攻するのではないか」という脅威である。１９８９年の天安門事件を思い出せば、共産党の軍隊の残虐性は証明済みである。

「日米安保」は、緊張の高まる太平洋地域においての公共財産だといえる。中国が日米を離反させて日本領土を侵略する野心を持っているという事実に気がついている日本人はわずかである。多くの日本人は、中国の動きについて無関心すぎるのではないか。

現在の中国には、金持ちと呼ばれる者が８０００万人いる。そのうち、軍関係者が86パーセントを占める。彼らは日本の不動産、工場、水源地、森林などを買い漁っている。中国の「人口侵略」政策は、着々と進んでいる。10年後には、日本はどうなっているだろう。日本人が子孫に残すべき資産、環境財産は残っているだろうか。「日中友好」しか頭にない日本人は、早く覚醒して欲しいものだ。

金持ちの中国の軍人たちは、日本で活動している。２００4年3月24日、中国民間保釣連合会が魚釣島に上陸した。この活動は、沖縄や日本各地に分散している中国人の協力で成されたものである。人民解放軍が主宰する「鳳凰テレビ」は、魚釣島に上陸した7人のメンバーを「英雄」と称して世界に向けて報道した。

２０１０年6月下旬に、国防部長の梁光烈が東海艦隊に「釣魚島奪還命令」を発令して以来、民間人と偽った解放軍の軍人が、観光と称して日本に入国している。また、退役軍人たちも多数が「観光」に送り込まれ、毎週５００人ずつを日本に移住させている。ある解放軍関係者は筆者の友人に、「日本にいる中国人だけで釣魚島に上陸できるので、解放軍が出撃する必要はない」と笑いながら語ったそうである。

中国の軍事力増大が日本の信頼低下につながる

最近、アメリカで有識者アンケート調査が行なわれ、「アメリカにとってアジアでもっとも重要なパートナーは？」という質問に対して、「中国」と答えた人が56パーセント、「日本」と答えた人が36パーセントであった。１９９０年代には「日本」と答える人が79パーセント、「中国」と答える人は12パーセントだったことを考えると、日米関係は弱体化していることは確実だ。近年の「中国の軍事力の増大」が日本の信頼性の低下につながっているのであろう。ここで米軍が取り組んできた「再編」が頓挫すれば、日米同盟の中核部分が崩れる。

中国はいま「水問題」「国土の基盤沈下」「食糧問題」「失業者問題」「数億人の病人問題」を抱えている。国のトップたちは親族を海外に移住させ、いつでも国を棄てて逃亡する準備に、国の金を横領している。「愛国心」などは存在しない特権階級の人々が、共産党や解放軍を捨てて逃亡するとき、中国社会は崩壊し、不満をため込んだ現役・退役軍人たちが暴発することも考えられる。

こうした問題への解決策として、梁光烈が主張する「中日友好を訴えながら、尖閣諸島や沖縄を略奪する」ことが、有効な緊急行動だと考えられている。

２０１１年1月、アメリカ国防長官の訪中にぶつけるかたちで実施された中国の新型ステルス戦闘機のテスト飛行では、胡錦濤主席はその日の飛行について何も知らされていなかったとの情報もあり、党の軍に対する統制力の弱体化が懸念されている。

「崩れゆく中国社会」に対応するため、今後軍は自ら推進する政策で党に圧力をかけるとみられている。転換期を迎えた中国が今後どう動くのか、軍の動向から片時も目が離せないのである。

第1章　中国人民解放軍の現状

人民解放軍の戦力

7大軍区

毛沢東が共産党政権を樹立した1949年には、共産軍は70個軍を保持していた。それから2011年までに、10回の再編を繰り返してきた。

現在では陸軍、海軍、空軍、戦略ミサイル軍（第2砲兵）、武装警察部隊に分かれ、総兵力は約350万人といわれている。

中国本土は地域別に7大軍区が置かれ、それぞれの司令官（司令員）は所属の陸海空軍部隊の指揮権を持っている。

〈7大軍区〉
北京軍区
瀋陽軍区
蘭州軍区
済南軍区
南京軍区
広州軍区
成都軍区

陸軍

人民解放軍陸軍は約１８０万人の兵力を持っている。陸軍には18の集団軍があり、うち7個が１級集団軍、11個が2級集団軍である。戦力の中核となる歩兵部隊では、19個の自動車化師団、６個の機械化師団、24個の自動車化旅団、５個の機械化旅団がある。１師団（師）は約１万人、１旅団（旅）は約５０００人、１連隊（団）は約２０００人で構成されている。したがって陸軍は師団換算で約40個の歩兵師団を保持していることになる。

自動車化部隊の車両は防弾装備がなされておらず、機械化部隊の車両には防弾装備が施されている。

機甲部隊（解放軍は「装甲部隊」と称する）は、約1万両の装甲車両を保有しているが、そのうち約6000両は59式戦車である。より新型の98式、99式戦車は約400両、その他69式、79式、88式などの戦車がある。戦車だけの合計は約8000両である。

18の集団軍の中に9個の装甲師団と9個の装甲旅団があり、自動車化歩兵師団の中には装甲連隊が含まれている。

装甲師団には3個の戦車連隊（団）があり、それぞれ10両で小隊、35両で中隊、連隊（団）は約100両の戦車と、約1700人の兵員で編成されている。師団全体では約300両の戦車と約1万5000人の兵力を持つ。装甲旅団は約140両、約4000人の兵力である。

各集団軍には、このほか砲兵、防空、通信、工兵、電子戦、陸軍航空などの部隊が配備されている。

空軍

中国空軍は2011年現在、40万人の人員で33個師団があり、航空機3600機を保有している。もちろんレーダー部隊や地対空ミサイル師団などもある。

航空部隊は4機で1中隊、3個中隊12機で1大隊、そして3個大隊36機で1飛行団を編成する。1飛行団はひとつの基地に配備され、乗員と整備員など約500人が所属している。

2011年現在、戦闘機（殲撃機）師団は19個あり、約1900機の戦闘機があるが、そのうち1000機は殲-7（殲撃7型、J-7）戦闘機である。これは旧ソ連のミグ21戦闘機を模倣して作ったものである。

そのほか戦闘機には、国産の殲-10（殲撃10型、J-10）が約100機、ロシアから購入したスホーイ27が約100機、それをライセンス生産した殲-11（殲撃11型、J-11）が約300機、やはりロシアから購入した新鋭のスホーイ30が約80機ある。

中国は殲-10を独自開発だと主張しているが、実際はアメリカと蜜月関係にあった1980年代に技術指導を受けて開発に着手していたものである。その後、1989年に天安門事件で解放軍が自国民を虐殺するのを見たアメリカが手を引いたため開発が頓挫した。そこで中国はイスラエルに接近、その技術援助を得てようやく完成した戦闘機である。

殲-10の製作には1機約2000万ドル、殲-11は約3000万ドルかかるという。天安門事件のあと各国が中国との合作を解消する中、日本の「親中国派」だけが積極的に合作を続けていた。高価な戦闘機を揃えるのには、日本の経済援助が必要だったのである。

海軍

中国海軍は、北海艦隊、東海艦隊、南海艦隊の3大艦隊に編成されている。

艦隊支隊には約10隻の艦艇が属し、大隊は3隻で編成されている。支隊は師団相当、大隊は団相当の扱いとなる。

海軍の兵員数は約25万人で、陸軍、空軍と比べると少ない。

２０１１年現在、海軍は28隻の駆逐艦、48隻の護衛艦艇、70隻の潜水艦、55隻の揚陸艦艇を保有し、その合計は６００隻を超える。アメリカ海軍の保有艦艇が３００隻弱なので、艦艇数ではアメリカを超えている。

また、海軍には9個師団の海軍航空隊があり、航空機約９００機が所属する。航空隊には殲−8（殲撃8型、J−8）、スホーイ30などの戦闘機や、轟−6（轟炸6型、H−6）爆撃機も配備されている。

その他、陸戦隊も編成しており、第１６４旅団が南海艦隊に所属している。

２０１１年8月から中国初の航空母艦（ウクライナから購入した旧ソ連の未成空母「ワリヤーグ」）の試験航海が始まった。艦載機は中国国産の殲−15（殲撃15型、J−15）になると見られている。

この機体は瀋陽飛機工業集団公司で開発中の機体で、ロシア海軍の艦上戦闘機スホーイ33や、殲−11から発展させた機体である。

近年、中国海軍艦艇の近代化が著しい。中国版イージス艦といわれる駆逐艦０５２C型（旅洋Ⅱ型）やドック型揚陸艦０７１型（玉昭型）、ミサイル艇０２２型（紅稗型）などの国産新型艦艇が続々と就役している。

２０１１年末には、建造中の新型コルベット０５６型の写真がネットで公開された。全長90

空軍基地に列線を敷く「殲-10」。米軍のF-16とほぼ同大、対空・対地攻撃能力を持つ

中国版イージス艦と言われる052C型駆逐艦。艦橋構造物四周にレーダーを装備する

第三世代ＭＢＴの99式戦車。主砲は国産125ミリ滑腔砲、フランスの技術を導入した射撃統制装置を装備しているという

メートル、排水量1000トン～1800トン程度であろうか。ステルス性を意識した艦容で、量産化を考えた軽量護衛艦である。アジアからアメリカを追い出して世界の盟主になりたい中国は、艦隊拡張のためコストパフォーマンスを意識しはじめたのであろう。

日本の貢献で充実する人民解放軍の軍備

毛沢東の経済政策が崩壊する直前の1975年、それを救済したのは日本からの資金・技術・人材であった。このODAによって、中国は強国強軍に向けて突っ走ってきた。「親中派」の売国日本人たちは、一般の日本人が知らないところで現在も中国支援を続けているのである。

未成空母の購入

1997年、中国共産党中央軍事委員会主席・江沢民は、ウクライナが旧ソ連の古い未成空母「ワリヤーグ」を売却することを知った。彼はすぐに総参謀部の退役軍人・徐増平がマカオで経営している会社に連絡し、そこを窓口としてこのポンコツ空母を「海上カジノに改造する」という名目で購入させた。

ウクライナ駐在の中国共産党の密使とマカオの徐増平は、協同でウクライナ側と交渉し、ま

旧ソ連の未成空母ワリヤーグを購入・改修した中国初の空母。2012年４月25日撮影

空母搭載機として着艦用フックを付けてテスト中の殲-15戦闘機

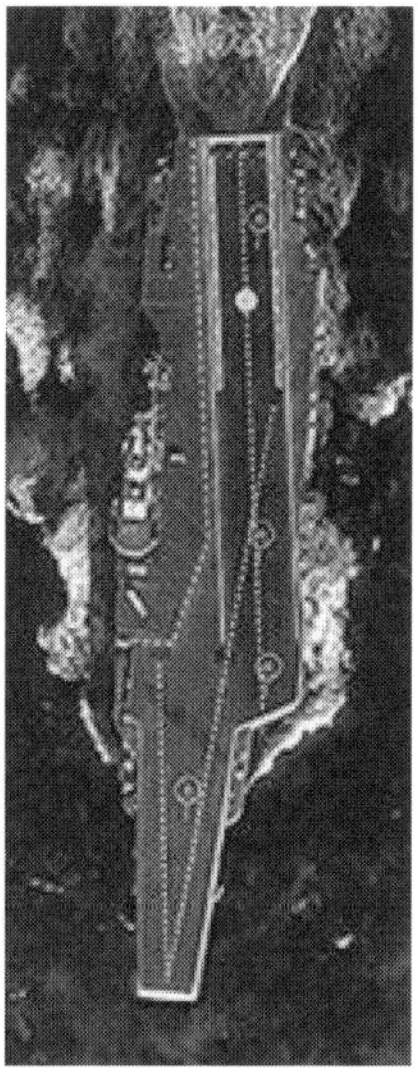

〔左〕後方から見た中国空母。搭載兵器の多くは中国独自のシステムに変更されている。〔上〕西側の衛星が捉えた試験航海中の中国空母

んまと空母の設計図も一緒に買い取ることに成功した。

２０１１年6月24日の「猫眼看人」の報道によれば、この空母の売買は両国政府の秘密交渉の結果だったそうである。ウクライナ側は、「この空母が我が国の港を出港したあとは、いっさい責任は持たない」という前提を出した。中国側は「空母を購入するのだから、元の設計図も一緒に売ってほしい」と条件を出した。

ウクライナにとって軍事機密に属する設計図だったが、「カジノに改装するときに、元の設計図がなければ工事ができない」という中国側のペテンにひっかかって、とうとう中国の手に渡ってしまった。

ウクライナは２０００万ドルを要求し、中国もそれで了解した。徐は、設計図を完全な形で渡すこと、契約した時点で空母は中国のものとなるので、誰も触れてはならないことなどを言い渡したという。

ところが、アメリカ、ロシア、日本、フランス、韓国、ベトナム、台湾などの国々から、中国が空母を購入するようだとの疑念が出されたため、徐の個人企業が買い取るかたちで素早く決済をすませて空母を入手した。徐個人の買い物だと言い張っても、彼が人民解放軍の代理人にすぎないことは明白だった。

ウクライナは空母の売却後、改造工事のための専門技術者を大勢派遣し、技術力のない中国を支援した。ウクライナという同志がいなければ、中国が空母を保有するなど10年は先のことになったかもしれない。

利用される日本の設備と技術

中国を強国強軍にする協力者は、ウクライナだけではない。実はその筆頭は、日本なのである。

中国ではもともと、軍艦用の鋼板を自国で製造することができなかった。現在の中国国産艦は、日本が提供した技術と設備で製造された鋼板を用いて、日本が指導した造船技術を使って建造されているのである。

１９７７年に「上海宝山鋼鉄工場」（宝鋼集団の前身）の設備と技術が、日本の「新日鉄」から援助導入された。

翌78年3月19日に「中技公司」と「新日鉄」は北京で協議書に調印して上海宝山鋼鉄工場を創業することになった。これには「三井グループ」も深く関与し、「東芝」「石川島播磨重工業」も上海宝山を育てるために設備や技術の供給を続けた。

いわば日本の大企業が中国に空母を造らせて、自国に脅威を与えているのだ。「その時点では中国の覇権主義に気づかなかった」と釈明するのであれば、そのような人は企業経営者として失格であろう。

「虎を育てて災厄を残す」という中国の格言があるが、中国という弟子に師匠の日本が技術を授け、やがて日本が殺されるかもしれないのだ。２００５年の反日暴動や、チベット問題などを見てもわかるように、中国に親切にしても結局、「恩を仇で返されるだけ」なのである。

２０１１年6月23日の「軍事論壇ネット」や24日の「猫眼看人」のネット報道によれば、人民解放軍は１５００キロの鉄道路線をパキスタン方面に敷設し、戦略ミサイルを鉄道運搬する機動性を確保するという。これはアメリカ、インド、ロシア、日本を狙う中国の戦略である。

中国は数十億ドルかけて、３本の軍用鉄道を敷設した。その内の１本は高地を通っている。解放軍の軍用鉄道は、ＤＦ－31Ａミサイルを隠密裡に、機動的に運搬できる。ロシア軍のものと同様の弾道ミサイル運搬列車であれば30個の核弾頭を運ぶことができる。この軍用鉄道を利用すれば、日本のすべての戦略目標と、アメリカ西海岸の大部分の戦略目標を破壊することができる。これは大きな脅威である。

今回の軍事鉄道敷設は、特にインドにとっては悪夢と言っていい。30日以内にチベット中部に12個の歩兵師団を送り込むことができる力を、解放軍は手に入れたことになる。さらに中国は、パキスタンのグワダル港に20億ドルを投じ、海軍基地をつくりあげた。将来的には中国海軍空母部隊や原潜の母港とする計画である。中国からパキスタンに来ている労働者たちは、両国を結ぶ道路建設の真っ最中だ。

中国は日本の支援によって鉄道や飛行場の建設を進め、強国強軍の道をひた走っているのである。

中国2番目の空母は国産艦に

筆者の元に漏れてきていた中国海軍の内部情報が、２０１１年8月15日の「海軍論壇」で報じられた。

上海江南造船工場が無錫船舶研究センター７０１研究所、７０８研究所と共同で設計したのが中国２番目の空母である。

この国産空母は、排水量７万８０００トン、上海汽車工場で作った蒸気タービンを使用し、艦載機は殲-11と殲-10になると言われている。この空母の建造予算は30億元とされている。

飛行甲板は「アメリカ式」とのことだが、発艦用「カタパルト」の技術はアメリカ軍の極秘事項であり中国に漏れるはずはないし、中国の技術で開発できるはずもない。どうせ、中国共産党特有のハッタリであろう。なお、動力は原子力ではないという。

この中国国産空母に関する内部情報は、以下のようなものである。

①武装警察は7月20日に江南造船所に1個中隊を派遣・駐屯させ、会社側はそのための宿舎を準備した。

②多くの補助会社の技術者たちも江南造船所に入り、空母建造のための指揮部も作られた。

工場長は副総指揮官となったが、総指揮官が誰なのかは不明。上海船舶公司の外事課に所属する南開大学卒業のロシア語通訳は、ここ数日間毎日来ており、彼の話によればロシアの技術専門家が数人来ているが、空母の関係者らしいとのことである。

③空母建造に関係する者には毎月220元の手当が出ている。大連船舶工場では水陸両用作戦艦（排水量2万2000トン）を造っている。

④われわれの会社に空母建造の仕事が回ってきた理由は、日本の援助で設立された上海宝鋼製鉄所から、空母の鋼板が大量に準備できるからだ。

⑤われわれは軍艦建造の経験によって空母を建造する。武器搭載や試験航海など遅くとも2016年には完了し、2018年には実戦配備できるだろう。

⑥4人のフランス人専門家が来たときの話だが、ちょうどフランスが台湾にミラージュ2000を供与したあとで、最初、フランスと中国は険悪になったが、フランスが中国の軍事工業を支援すると申し入れたので、中国もフランスの利益に便宜を図るように決まった。北京や上海の高速鉄道や、南京の地下鉄などを、フランスの利権として渡した。

⑦設計室からの話では、空母には艦載機を38機搭載できる。ヘリコプターも搭載するようになっている。フランスの技術援助で、国産戦闘機も改造するようになるかもしれない。

⑧ロシアの専門家の主要業務は、動力の問題を解決すること。空母の最高速力は32ノットとなっている。蒸気タービンは7万9000馬力である。

⑨江南造船工場には建造中の空母があるが、ここ数日、解放軍総政治部、保衛部、南京軍区、東海艦隊、安全局などの機構が関心を持って、指揮部の下に保衛所を設立した。保衛所の責任者は全員に守秘義務の徹底を指示した。１００人の大学研究生も集められ、空母の機密漏洩禁止を命じられた。

⑩武漢海軍工程学院の工場駐屯の軍代表の話では、もう技術的な問題はないので空母は建造できる。７万８０００トンの空母に24機を搭載し、殲-11艦載機の中隊にする。早期警戒機、対潜哨戒機、空中給油機などは国産の改造機である。外国からの技術も使用されている、とのことである。

⑪ロシアの技術者は、空母の甲板にレーダーを設置する責任者だ。自動制御系統はフランス、イタリア、スウェーデンの技術を使っているが複雑だ。

⑫空母の護衛艦艇も配置完了した。０９３型原子力攻撃艦は、アメリカが報道した新型護衛艦であり、４万１０００トンで特異な形状である。チャンスがあれば長興島に来て望遠鏡で対岸のドックを見て欲しい。艦のラインが美しい。

⑬ある軍代表は私との世間話のときに、今回の空母建造時に水陸両用作戦艦を建造することで論争があり、海軍の多数は空母優先を支持し、最後に２人の専門家の意見を聞いた。台湾の解放や南海問題解決には空母が必要ということになった。

⑭空母建造の状況分析では、設備については設計しながら造っている。２隻の原潜は原子炉

の技術レベルは大丈夫だろう。軍は3隻を要求した。8月2日からわれわれは空母ドックに仕事に入る。100年の歴史がある第1家造船所で中国最初の空母を建造するのは歴史的使命である。

⑮われわれの江南造船所は実力がある。駆逐艦「哈爾浜」「青島」やミサイル駆逐艦はその証明である。工場責任者と技術者はほとんど専門学院卒業である。

⑯ロシアが甲板に配置したレーダーとレーダー誘導ミサイルは、艦首と艦尾の甲板に各2組の6×2垂直発射井がある。

⑰艦載機は国産の殲-11を使用するかどうか、性能に疑問がある。最近はまたスホーイ33を使う話があり、性能は外国製の方が優れている。われわれの空母がアメリカ空母艦隊のように、駆逐艦、護衛艦などを配置しない場合には、空母自身の戦闘力と自衛能力が重要である。武器装備の面から見れば、最新型の駆逐艦よりこの空母の方が戦闘能力は高い。その戦闘力は旅洋Ⅰ型ミサイル駆逐艦と江凱Ⅱ型フリゲイトの2隻分に等しい。結局、海軍は殲-11戦闘機の性能に疑問を抱いたまま、まだ決定に至っていない。

この江南造船所は、上海長興島の長江海口に位置し、崇明島が隣接している。総面積は76・32平方キロである。

ステルス戦闘機「殲-20」のデモンストレーション

胡錦濤主席は蚊帳の外だったのか

２０１１年１月11日の午前、習近平（軍事委員会副主席）、王岐山（副首相）、徐才厚（軍事委員会副主席）、陳炳徳（総参謀長）、許其亮（空軍司令官）、常万全（総装備部長）、劉成軍（軍事科学院院長）、および各大軍区の空軍部隊司令官、海軍航空部隊司令官、作戦部長らが、３機のボーイング７３７専用機に分乗して、成都の空軍基地に到着した。

そして午前10時30分から午後１時30分まで、成都地区には飛行禁止管制が敷かれた。

その日、中国メディアは、人民解放軍が開発中の新型ステルス戦闘機「殲-20」の試験飛行が成都で実施されたと伝えた。

アメリカのゲーツ国防長官（当時）の中国訪問中に行なわれた最新鋭ステルス機の試験飛行は、「軍事力を見せつけ、アメリカを牽制する」狙いがあったと見られているが、その日、胡錦濤主席と会談したゲーツ国防長官が、この試験飛行に言及したところ、「主席と、軍関係者以外の出席者は試験飛行が実施されたことを知らなかった」という。（ロサンゼルスタイムズ、１月11日）

胡主席は蚊帳の外に置かれてしまったのか。この出来事は、中央政府の軍への統制力が弱まったのではないか、との憶測を呼んだ。その一方で、アメリカへの刺激を避けるため、主席は知らぬふりをしたのだという見方もある。

また、中国国内の報道では、公式の映像ではなくネットユーザーが撮影したビデオを引用するなど、不可解な点が多い。

総参謀長と空軍司令官の現地での講話

テスト飛行の後、まず総参謀長の陳炳徳が中央軍事委員会を代表して、現地で講話を行なった。その様子を、国防部、4総部（人民解放軍の総政治部、総参謀部、総後勤部、総装備部）、各軍種（陸軍、海軍、空軍）と各兵種（陸軍の歩兵・砲兵など、海軍の水面艦艇部隊・岸防兵など、空軍の航空兵・レーダー兵など）および各大軍区の総司令部がテレビで見ていた。

陳炳徳は、次のように述べた。

「新世代のハイテク戦闘機のテスト飛行が成功したことは、中国の科学技術が相対的に向上したことの体現であり、また中国の飛行技術や航空資材等の専門家の知恵が、大規模な資金の投入とあいまってもたらした成果であり、そして中国がこの21年の間直面してきた西側諸国によるハイテク技術の中国向け輸出禁止という制裁措置に対する反撃である。

今日、われわれは人を宇宙に送り出す能力を持っているだけでなく、通常兵器、核兵器、生

2011年１月11日、成都で飛行し、初めてその存在を公表されたステルス戦闘機「殲-20」

成都で試験飛行中の殲-20。上はアフターバーナーに点火して上昇中、右は特異な平面形を見せて旋回中の姿

〔上〕2012年４月には、これまでの2001号機に加えて2002号機も姿を見せ、５月には初飛行を行なって両機での試験が続けられている。殲-20は戦闘機としてはかなり大柄な機体で、大型のウエポンベイを持つことから、攻撃機的性格が強いと考えられている。〔左〕2011年１月11日、北京でゲーツ米国防長官（当時）と会談する胡錦濤主席。胡錦濤は、この日、殲-20の試験飛行が実施されたことを知らなかったとも言われる

物化学兵器およびその装備におけるクオリティーの高さにおいて、ある程度、他国に勝る記録を作り、他国にない新機軸を出し、他国をリードする能力も持つようになった。これが党中央、国務院、中央軍事委員会が制定した中長期的戦略である」

「テスト飛行を1月11日に行なうようにしたのには、もちろん心理戦の効果を発揮させ、威嚇的な役割を持たせるということに狙いを定めたものである。われわれは、1999年5月のユーゴスラビアの中国大使館が誤爆された事件を忘れてはおらず、また、これまでも覇権国家の飛行機や軍艦が絶えず中国の領海・領空の近くで挑発行為を繰り返してきたことも忘れはしない。

20年先、30年先を見据えて、われわれはどうしても宇宙戦争、ネット戦争、新時代のビーム兵器やレーザー兵器による威嚇戦に備えなければならず、遅れをとるようなことがあってはならない。遅れをとれば頭を押さえられ、脅威にさらされることになる。われわれはいま、実用的で威嚇力を持った戦略兵器の対外的なデモンストレーションを2年から3年ごとに行ない、限定的に製造・配備・稼働させるための基礎を手に入れ、条件を整え、布石を打ったことになるのである」

陳炳徳の次に、空軍司令官の許其亮が空軍、装備部、軍事科学院を代表して講話を行ない、次のように述べた。

「国外から聞こえてくる猜疑、嘲笑、パニックのどよめきの中、ステルス戦闘機『殲−20』のデモンストレーションを全方位的に行なった。不意を衝くかたちで、またいいタイミングで透明性の高い公開をしなければならなかったが、われわれは西側諸国の反応に満足している。

　1月11日というときを選んで対外的なデモンストレーションの性格を持つテスト飛行を行なった理由については、外界が憶測を逞しくするのに任せておこうではないか！　それは彼らの自由であり、権利である。

　今日、公開し発表することができたのは、4回目のテスト飛行である。1回目は２００９年10月中旬のことだった。当初は10月1日、建国60周年の国慶節に行なう予定だったが、調製段階で問題が起こり、延期されることになった。

　ステルス戦闘機『殲−20』は、プロジェクトの立ち上げから設計、試作機の研究開発、テスト飛行にたどり着くまで10年近くの時間が費やされた。要した時間はそれほどでもないが、航空宇宙や資材関係の専門家が３００人近く集められた。

総参謀長
陳炳徳大将

空軍司令官
許其亮大将

　『殲−20』には、あと3年の調製やテスト飛行の時間が必要であり、量産ができるのは２０１４年、そして実戦配備できるのは２０１５年の秋になってからということになる。

『殲-20』が量産体制に入れば、そのときは、またもっと新しい世代の戦闘機の研究開発や試作機の製造を行なう時期となる。今回、『殲-20』は全部で21分16秒のテスト飛行が行なわれ、10の課題を完成することができた。対外的にはテスト飛行を18分行なったと発表したが、それは、胡錦濤総書記がアメリカを訪問したのが1月18日であり、その縁起のいい18という数字に合わせたものである」

「殲-20」プロジェクト

新型ステルス戦闘機「殲-20」開発計画のコードネームは、「空718プロジェクト」である。このプロジェクトの当初の予算は42億元だったが、その後、7億元および5億5000万元と2度にわたる追加が行なわれた。

「殲-20」の製造には、瀋陽飛機、上海708研究院、西安航空宇宙設計院などが参加し、成都123工場で組み立てられた。2009年2月から2010年4月まで、合わせて4機の試作機が製造されたが、試作機1機のコストは4億1000万元だった。

「殲-20」の統括設計者・楊偉は、少将の階級を持つ軍人としての待遇を受けている。また、テストパイロットのうち李剛と王衛国の階級は大佐、黄嘉偉は中佐である。2010年1月初め、彼らには国務院と中央軍事委員会から、一等功労賞が贈られている。

ステルス戦闘機開発の鍵は、材料である。2011年、国家最高科学技術賞を受賞した師昌緒は材料を研究開発する発明家で、中国科学院及び中国科学技術院の「院士」（中国における最高の学術称号）であり、中国科学技術院金属研究所の名誉所長でもある。「殲-20」に関する材料の研究は、１９９８年に成功したという。

青蔵鉄道建設に隠された軍事的意味

過酷な条件に3度も停止された工事

青蔵鉄道（青海チベット鉄道）は２００６年7月1日に開通し、旅客営業運転が開始された。総延長は１９５６キロ、青海省海西モンゴル族チベット族自治州のゴルムド（格爾木）からチベット自治区のラサ（拉薩）までは１１４２キロである。「世界の屋根」チベット高原を走り抜けるこの鉄道の平均海抜は４３００メートルにも達している。そのうちタングラ（唐古拉）駅の海抜は５０６８メートルであり、工事の過程では、高原では酸素が希薄なこと、永久凍土地帯があることなど、さまざまな問題を解決しなければならなかった。

この鉄道は、世界で最も海抜の高いところにあって、線路が一番長い、高原を走る「天の道」である。チベット高原の生物不毛の土地、無人の荒野、および５５０キロも延々と続く凍土地帯を通り抜け、また屹立する連山、どこまでも続く雪原地帯、果てしなく広がるゴビ砂漠をくぐり抜け、そして956キロ以上もの高原の景観の中を走り抜けるのだ。

青蔵鉄道の調査測量と設計は早くも1956年に始まり、当時の鉄道部がチベットまで運行する鉄道敷設の前期計画を正式に請け負った。

しかし、1961年3月、既に着工していた青蔵鉄道のうちの西寧～ゴルムド間とゴルムド～ラサ間の鉄道敷設工事は、「3年の困難期」（1959年から3年続いた自然災害と、それにもかかわらず続行された「大躍進政策」により大量の餓死者を出した時期）の経済的な理由により停止された。

さらに、自然災害と文化大革命の影響で2度目の工事停止が余儀なくされたが、1974年になって、やっと青蔵鉄道の工事はまた着手されることになった。

このときの調査測量や鉄道敷設工事も、やはり青蔵鉄道における最大規模のものとなったが、当時は中国科学院が先頭に立ち、数十の機関が参加、各種の科学研究チームを動員して、1978年まで奮闘することになった。

だが過酷な工事の条件により、西寧～ゴルムド間にあるトンネル内だけでも50人あまりの鉄道兵が死亡し、青蔵鉄道の敷設工事は、3度目の停止という事態になってしまったのである。

2001年2月、共産党中央と国務院は青蔵鉄道敷設を正式なプロジェクトとして立ち上げることを決定し、半世紀の長きにわたって引き継がれた青蔵鉄道プロジェクトはもう一度着手されることになった。そして2006年7月、初めて全線が開通した。かつては、青蔵鉄道の敷設は「完成させることが不可能な任務」であると言った専門家もいたほどである。それは主として青蔵鉄道の敷設には次の３つの大きな難題が控えていたからである。

それは、標高が高く寒冷で酸素が希薄なこと、永久凍土が広がっていること、そして生態環境が脆弱であること、の３つであったが、中でも凍土の上に築く路基の安定性は、青蔵鉄道敷設が直面した一番の難題だった。現在、青蔵鉄道は、「氷の世界に築いた奇跡」と讃えられている。

積極的に海外のメディアを受け入れた理由

中国があらゆる困難を排してこの「奇跡」を実現したのは、重要な「軍事的意図」が隠されているからだ。青蔵鉄道の開通は、中国の戦略的影響力を南アジア地域にこれまでよりいっそう浸透させるとともに、インド亜大陸の地勢的戦略情勢に影響を及ぼすことになるのである。だが、軍事的意図を隠すため、青蔵鉄道という巨大プロジェクトの運用が開始されたことを「秘して公表しない」となれば、かえって関係国や国際社会の注意を引くことは必定である。そこで中国は、あえて自分の方から積極的に宣伝をし、世論を誘導することにした。

青蔵鉄道の一番列車運転のニュースは、新華社と中国中央テレビがフルスピードで報道したが、中国では珍しいことに、香港、マカオ、台湾のメディアを「体験乗車」に招待したのだ。台湾の「中国時報」によれば、青蔵鉄道の一番列車の取材にやってきた台湾、香港、マカオのメディア関係者の数は少なくとも1000人に上ったとのことである。

2006年6月30日から7月3日まで、台湾の主要な7つのテレビ局では、1時間ごとに放送するニュース番組の中で、ほぼ必ず1度は青蔵鉄道関係のニュースを伝え、新聞・雑誌などの印刷メディアもシリーズ化した青蔵鉄道のニュースを報じた。

さらに、台湾の東森テレビ、無線衛星テレビ、中天テレビ、民間全民テレビに至っては、開通式で胡錦濤がテープカットするのを生中継したのである。

だが、このような「猛烈な勢いでわき起こった報道の熱気」が目を向けた先は、経済・環境保護・旅行・文化といった面ばかりであり、そういう「非政府系」メディアの過熱報道が、青蔵鉄道の軍事戦略的用途を隠したい中国にとって、たいへん大きな役割を果たすことになった。これは、中国共産党によるメディア戦略が、大成功を収めた一例であると言わざるを得ない。


青蔵鉄道開通のニュースは、それでも中国の動向に敏感な隣国を刺激したようである。「国際先駆導報」(中国国営新華社通信傘下の国際情報紙)が伝えたところによると、2006年9月3日、インド政府はこれから4年以内に中印国境地区に27の自動車道を建設するプロジェクトに着手し、そのために90億ルピー(5ルピーがおよそ1元に相当)を支出すると発表した。その自動車道の総延長は862キロになるという。

インド政府によるこの計画が公表されると、インドが自動車道路網を「急いで建設する」理由は、中国の青蔵鉄道が7月に開通し、しかもその路線をネパールまで延ばすことが計画されているからであり、それがインド政府の「警戒心」を引き起こしたのではないか、と憶測するメディアもあった。

青蔵鉄道がもたらした軍事的機動性の向上

新華ネット（ラサ12月2日電）が伝えたところによれば、7月1日に青蔵鉄道が開通してから初めて兵員輸送のために編成された列車が運行された。

これまではチベット駐屯部隊の人員や物資の出入は主に自動車道路と空路に依存してきたが、自動車道路による輸送は時間がかかる上に危険も大きく、また空路による輸送はコストが高くついた。青蔵鉄道が開通してからは、チベットからの輸送コストは70パーセントも低くなった。

青蔵鉄道の能力を発揮させるため、新型の高原列車には与圧式酸素供給システムと吸入式酸素供給システムの両方が装備されており、車両の中全体に常に清新な空気が充満するようになっている。

チベット駐屯軍は、鉄道の運行前に沿線を実地調査し、人員の流れを考慮して道中の安全や途中での乗り換え、積み替え、突発事件への対応など数多くの問題点を解決していった。

青蔵鉄道の開通によって、中国の軍事的機動性および後方支援能力は大きく向上した。チベットに毎年５００万トンを超える物資を運ぶことができるようになり、１ヵ月以内に陸軍歩兵

12個師団以上の兵力を運ぶことも可能になった。

また、インドに対する侵攻能力が向上するとメディアが分析しているのは、この鉄道を使えば中距離ミサイルなどをいちはやく輸送するのに便利だからである。

軽歩兵1個師団に後方支援要員を加えても、だいたい1万5000人ほどであり、装備全体の重量は、ふつう1万5000トンを超えるものではない。集中配置期間に毎日消費する物資は通常は400トンを超えず、作戦期間に毎日消費する物資はおよそ800トンから1000トンの間である。

1年に500万トンの物資を運ぶことができるとすれば1日につき1万3000トンあまりの輸送量となる。22両の車両それぞれに60トンの物資か100人の人員を乗せるとすると、1日に20本の列車が運行される計算だ。

だが戦時には、輸送能力は2倍近くに引き上げられるはずであり、それにもちろん輸送手段は鉄道だけではなく、空路や自動車道路によるものもあるので、12個師団を配備するのに1ヵ月もかからないことになる。

敷設工事で鍛えられた技術

内部資料によると、中国は青蔵鉄道を敷設したことで、高原の凍土における建設工事の経験を多く積み、多くの工事技術者を鍛えることになった。

2006年に開通した青蔵鉄道。写真はラサ河にかかる全長929メートルのラサ特大橋

〔左〕青蔵鉄道の崑崙山トンネル。海抜4648メートル、全長1684メートル。写真の機関車は、高地用に導入されたアメリカ製ディーゼル機関車。手前は警備の武装警察隊員。〔上〕酸素濃度の低い高原に敷設された青蔵鉄道の警備中に、酸素吸入を行なう武装警察隊員

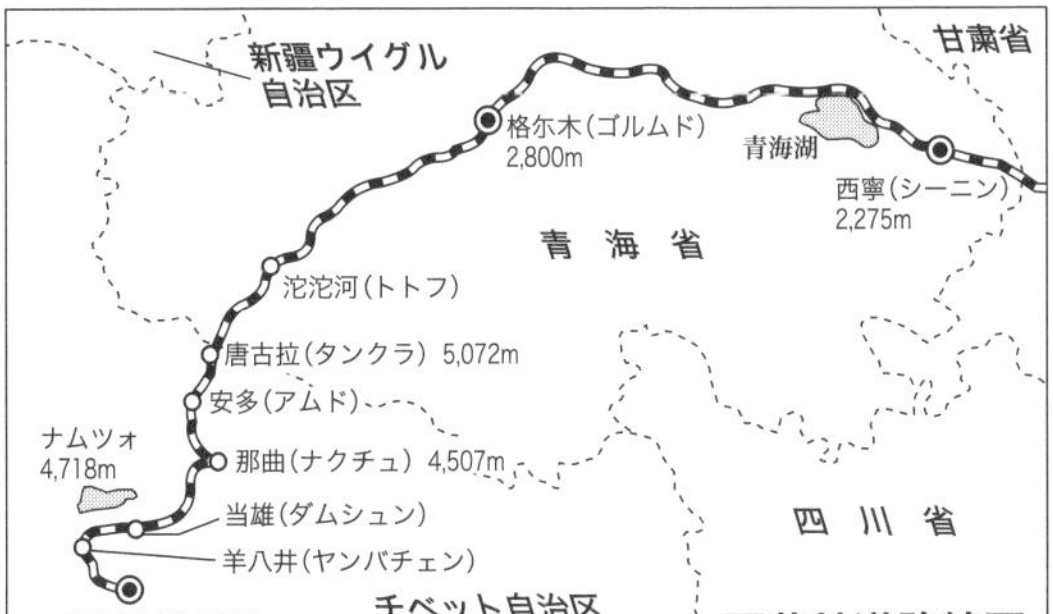

青蔵鉄道は海抜4000メートル以上の地域が全線の85パーセント近くを占め、年平均気温は摂氏零度以下、大部分の地区で空気中の酸素含有量が低地のわずか50～60パーセントしかない。標高が高く、寒冷で空気が希薄、砂埃が容赦なく襲いかかり、強烈な紫外線が降り注ぎ、自然の感染源が多いこの地は、人類がぎりぎり生存できるかどうかの「立ち入り禁止区域」と言われている。

高原の過酷な環境下で建設作業に携わる人員の生命の安全を、どのように確保するかということが、難題であった。

海抜4600メートルの崑崙山脈にトンネルを掘る工事の際には、作業員は重さ5キロの酸素ボンベを背負い酸素を吸入しながら工事に当たった。1年近くにおよんだそのトンネル工事で消費した酸素ボンベの数は12万本にものぼる。また、工事現場の宿舎内には酸素を供給する配管が設備され、バルブを開けさえすればいつでも酸素を吸入することができるようになっていた。

海抜4905メートルの風火山のトンネル工事では、大型の酸素供給センターを設置して酸素をトンネル施工の現場に送り、トンネル内の酸素含有量を実際の工事現場より1000メートル低い位置の酸素含有量に相当する80パーセント前後にまで高めるようにした。

青蔵鉄道の沿線には、酸素供給センターが全部で17ヵ所設けられ、そこには高圧の酸素吸入室が25あって、建設に従事していた数万人が、毎日、1人平均最低2時間はそこで酸素を吸入していたそうである。

鉄道沿線には、その他115の医療機関があり、600人あまりの医療従事者が配置されていたが、そこを受診した病人はのべ45万3000人あまり、そのうち脳水腫の治療例が427件、また肺水腫の治療例が841件あったものの、死亡例は1件もなかったという。

地下総合作戦司令部とミサイル運搬

青蔵鉄道建設の裏には、もうひとつ重要なことが隠されている。

鉄道敷設のために莫大な量の土木工事資材や建設資材が使われた裏で、じつは密かに人民解放軍の地下総合作戦司令部の保塁が建設されていたのである。

内部情報によれば、集中司令部、発電設備、修理設備、病院、食堂、宿舎など各種の設備がある地下の総合作戦司令部が、青蔵鉄道の開通と同時に竣工し、鉄道が完成したことで、いっそう多くの物資が続々と運び込まれているという。現在、地下保塁の付帯工事や内装工事が行なわれているところだという。

青蔵鉄道のもうひとつの重要な軍事用途は、戦略ミサイルの運搬である。列車を使えばより重量の大きい強力なミサイルを運ぶことができ、積載方式にもいっそう余裕ができる。

また、西南軍区の各部隊は、鉄道という強大な輸送力を通じて、絶え間なく人員の移動や高原への適応訓練を行なうことが可能になった。そして戦争準備の必要があれば、すぐにでも戦闘力を構成することができるようになった。

鉄道に沿って設置された通信回路も、情報や補給の問題を解決することになったのである。

900万人の民兵組織

知られざる巨大戦力

中国共産党は経済開放の30年間に、人民解放軍の武装近代化だけでなく、900万人の民兵の武装も近代化した。2011年にこの民兵組織は正規軍である人民解放軍の作戦部隊に編入された。

中国の民兵組織の作戦能力は世界一流といわれており、近代化によって大規模戦闘にも対応できるとのことである。

党軍事委員会主席の胡錦濤は、「軍隊準備進行軍事闘争的準備」の命令を出した。そこで明らかになったのは、中国民兵組織は毛沢東時代には4000万人だったものが、軍の近代化に伴う改革で900万人に圧縮されたということだ。もともとこの民兵組織には、退役軍人も多く含まれていた。つまり、民兵組織は人民解放軍の予備軍なのである。

900万人の民兵には、20年前から解放軍が訓練を支援してきたが、これまで日本をふくめ他国ではほとんど研究されてこなかった。この民兵が正規軍の作戦部隊に編入されたということは、地上戦力の大幅な増強になるわけである。

この民兵組織を毛沢東は「民兵是勝利之本」と称した。鄧小平は「民兵就是要提到戦略地位」と強調した。江沢民は「走精幹的常備軍和強大的後備力量結合的道路、是建設現代化国防的必由之道」と指示した。

現在、この９００万人の民兵の中で、正規軍の各軍種の作戦を直接支援できるのは40万人だといわれている。１９００年代からのコンピューター情報技術の進歩に合わせて、民兵組織の装備も解放軍と同様の現代化が成されている。

１９９１年の共産党中央軍事委員会の公文書には、はっきり「新しい時代にも民兵は変わらぬ重要戦略力である。現時点での人民戦争の基礎であり、民兵は国家に服従して経済建設を推進し、国防建設に適応する」という指導理念が書かれている。

民間企業にも民兵組織が

１９９７年に総部は、民兵組織を解放軍の各兵種に適合させるよう提案した。福建省の福州、大連、蕪湖などの地区に、海軍・空軍・ミサイル軍の民兵組織が建設できるかどうか検討され、可能だとの結論に達した。

省・市・県の党委員会書記は、同じレベルの軍事機構の第一書記も兼任しており、彼らが民兵組織を管理する責任者となっている。

２００７年の第17回党大会で胡錦濤総書記は、正規軍・人民解放軍と民兵組織を融合させて発展させることが中国の特色であるとの提案を行なった。浙江省では民間企業が兵力を準備するようになり、４７１社で「民兵武装部」が誕生している。他の省でも同様の動きがある。

毎年20万人の民兵が国境警備に当たり、９万人の民兵が橋や道路を警備し、６００万人の民兵が治安維持を担当している。

中国には正規軍である人民解放軍２３０万人に加え、９００万人の民兵組織がある。さらに予備役が４０００万人おり、尖閣諸島の問題などは、民兵と予備役だけで十分解決できると言うものさえいる。確かに、正規軍と予備役を合計して５０００万人という兵力を持っていれば、どこの国でも占領できるであろう。

インド国境には現在、解放軍50万人が配備されている。青海からは「東風21C」ミサイルがインドに照準を合わせている。

もし、国境地帯で戦争が勃発すれば、解放軍に加え民兵組織や予備役も動員されるであろう。その時には、民兵部隊が先頭に立って相手国に攻め込むことになるのかもしれない。

民兵という特殊な戦力は、外国人の知らない「中国の秘密」のひとつである。

第2章　「共産党の軍隊」の恐るべき実態

血塗られた経歴

国民ではなく「党」を守る軍隊

国軍ではなく中国共産党の党軍である人民解放軍は、党の命令があれば人民を虐殺する。中国は「党が国家を指導する」という1党独裁のファシズム体制であり、人民解放軍は「党の用心棒」として存在するのであって、国民を守る軍ではないのだ。

１９８９年、北京の天安門広場に集まった中国の学生たちは、解放軍によって党に反逆する勢力として虐殺された。丸腰の学生たちに向かって、解放軍は銃を乱射し、戦車で轢き殺して制圧した。解放軍は中国共産党だけを守ればよいのであって国民の命を保護する義務はない。

毛沢東時代の文化大革命では、無産者階級の無知蒙昧の人民を扇動して、人民同士の虐殺行為を奨励した。右派・左派の殺し合いや、紅衛兵による暴虐の限りを尽くした保守派打倒は、毛沢東による共産党独裁の進軍ラッパだった。

「人命」などは「党」の前ではゴミと同じだという中国共産党に対し、日本人はなぜ平気で「経済第一」などと笑いながら握手するのか。「日中友好」を提唱している経済界や進出企業は、共産党や解放軍を強化する一翼を担っている責任をどのようにしてとるつもりなのだろうか。

2004年の「新浪ネット」による中国の全国調査では、地球上から日本人を消去すべきだという「民意」が圧倒的だった。これは第二次世界大戦時にアメリカの原爆開発をした「マンハッタン計画」で、オッペンハイマー博士とアインシュタイン博士が「この原爆を使用して、世界地図から日本を消し去れ」とルーズベルト大統領に提案した精神構造と同じである。「狂気」は「正気」を踏みつけて殺すのだ。いま「日中友好」というのは紛れもなく「狂気」である。

人民解放軍を世界的に有名にしたのが、1989年の天安門事件での自国民大虐殺だった。ところが、1966年～1976年の文化大革命における毛沢東の大虐殺は報道されることがない。

筆者の友人でアメリカ在住の文化大革命研究家・宋永毅は、『毛沢東の文革大虐殺』（松田州二訳、原書房、２００６年）の中で、人民解放軍による大虐殺の実態を克明に紹介した。それまで日本人は、文化大革命期の虐殺を知らなかっただろう。

最近では香港の雑誌「前哨」（２０１１年7月号）が、「中国共産党に敵対するものは虐殺殲滅せよ」という人民解放軍のおぞましい過去を特集している。

ここで、いくつか代表的な事件についてまとめてみたい。

雄県県城の虐殺事件

１９６７年の真夏の河北省雄県県城の虐殺事件を「記憶の中で最大の心の傷」と感じている中国人は多い。

その時、町には男たちが上半身裸で1列に並び、もう一方には下半身裸の女たちが並んでいた。男たちは針金を鎖骨のあたりに通されて、その針金が1本につながれていた。女たちは針金が肛門から陰部に通され、それが1本につながれていたのである。

時折、この世のものとも思えない悲惨な悲鳴があちこちで上がった。10メートルほどの針金につながれた男女は、悲鳴を上げながら町中を見せしめのために引き回された。

2時間ほどの市中引き回しの後、針金でつなげられた男女は北門城壁の刑場まで連行され、一緒に銃殺された。この男女は「罪人」でも「敵国人民」でもなく、人民解放軍第38軍に従わない派閥組織の捕虜だというだけで殺されたのである。

文化大革命の10年間に、人間性は徹底的に破壊され、誰が共産党に忠実なのかという「非人間教育」だけが国民を洗脳した。この時代の洗脳教育が、中国人の脳の根底に植え付けられている。

２０１０年9月、愛媛県西条市で29歳の中国人溶接工が日本人男性を殺害したという事件があった。知人の中国人女性がその日本人男性と飲酒した際に手を握られたと話したことで逆上、日本人男性を殺害し心臓をえぐり出して庭に捨てたという。

文化大革命時代には、殺した相手の肉を調理して食べることは日常的に行なわれていたので、心臓をえぐり出すくらい驚くに値しない。「親中派日本人」が信用しないのは勝手だが、現実に40年前の中国では大虐殺と食人行為が普通だったのである。

文革時代の洗脳教育の遺伝子は、いまも中国人の中に生きているはずである。

軍内部の権力闘争

中国共産党の歴史同様、人民解放軍の歴史も内部対立とセクト主義に彩られている。それぞれの幹部が派閥を率いて対立し、冷酷無情の潰し合いを展開している。

紅1軍、紅4軍、江西軍、狭北幇、紅区幇、白区幇、南下幹部、本土幹部……。共通の敵に対処するとき以外は、共産党も解放軍も自派の利益だけを追求するために内部闘争しているのが現実なのである。

筆者が中学生の頃、両親は軍需会社に勤務していたが、その時期は右派、左派、造反派など、共産党の内部対立は深刻を極めていた。両親は2～4時頃に帰宅することが多かったが、その理由は「造反派と保皇派が銃撃戦をしていて怖いから」であった。毛沢東時代には町や職場で銃撃戦が繰り広げられていたのである。

学校においても授業などはなく、生徒が先生を批判して殴り殺すことさえあった。筆者も中学1年の時に、高校生が60歳くらいの校長先生をリンチにしているところを目撃したことがある。この時代は、それが普通だった。

この時代に全国で武装闘争・内戦を繰り広げている派閥組織は、毛沢東と江青の主張する「文攻武衛」のスローガンを権力奪取の方便に使い、どんどん人殺しをエスカレートさせた。その内戦の指導者は、ほとんどが解放軍だった。

軍内部の権力闘争による内戦としては、１９６７年2月23日の「青海西寧２２３事件」がまずあげられる。これは、青海省軍区副司令員・趙永夫が44人の戦車隊を派遣して、青海日報のビルに立てこもっていた造反組織「８１８」の２０００人に対して砲撃させ、その場で64人が即死、残りのメンバーもT-55戦車で町中を掃討させて、合計２１７７人を捕まえて虐殺した、という事件である。

この反対派閥の虐殺は、軍区の正司令員・劉賢権の「８１８は革命左派である」との宣言によって正当化されたものだ。

次に挙げられるのは、１９６７年7〜8月に黒竜江省伊春市での軍の内戦事件である。伊春市林業局に革命委員会を設立するときに、経理を軍のどの派閥が握るかということから内戦に発展した。

地方の駐屯軍と支援軍がそれぞれ別の派閥を支持し、エスカレートして直接衝突するに至った。37棟の政府の建物が破壊され、両派の基地も砲撃された。２３０人の兵士と３７５０人の民間人が犠牲となり、そのうち１９４４人が死亡した。これは軍内部の利権争奪という典型的な「チンピラ内戦」である。

10年以上にわたった温州の武装闘争というのもある。これは温州の右派「温連総」と左派「工総司」を対立させ、許世友将軍が率いた山東省の軍官と、浙江省南部のゲリラ部隊を率いた龍躍の権力闘争が爆発したものである。

ゲリラ部隊は温州の党政軍の大権を引き受けていたので、造反派「工総司」を支えていた。しかし、山東省軍官は、許世友将軍をバックに保守派「温連総」を支えて対立を深めていたのである。

圧力を受けていると感じたゲリラ部隊は、浙江軍区副司令の龍躍も同盟者であると巻き返しを始めた。実際には両派に実力差はなかったのだが、保守派・許世友の腹心・王福堂が暗躍し、武器庫を民兵に開放するという暴挙に出た。対立派は学生、青年、退役軍人などを集め、武器も集積し始めた。しかし、実力差は大きくなり保守派は強力になった。

「工総司」は電報ビルまで退却し、殲滅も時間の問題となったとき、浙江軍区の後ろ盾である林彪麾下の野戦軍20軍が左派支持を打ち出したのである。

これは文化大革命武装戦争史の一幕として有名だ。温州に進撃する野戦軍20軍を温州軍区の兵士たちは狙撃すべく、民間人になりすまして梅奥渡口で待ち伏せた。ここから流血の内部戦闘が始まったのである。

この温州の戦闘は、両派の頭目である許世友と南萍が倒れていなければ、おそらく10年どころではなく、延々と続いていた可能性もある。

文革史上最大の虐殺事件

「４２２惨劇」と呼ばれる、広西省南寧市で起きた大虐殺事件がある。広西軍区司令政治委員・韋国清が地方軍の独裁権力を強めるために反対派の造反大衆を虐殺した事件である。歴史的には弾圧されるのは保守派とされているが、この４２２惨劇の他にも、２２３事件では毛沢東派が、上海などでは造反派が弾圧されている。

文化大革命の大虐殺では、「一打三反運動」などで反対派を徹底的に根絶やしにした。地主、資本家、右派、学者、金持ち、海外と関係ある者とその家族などは、広西軍区司令政治委員の韋国清によって弾圧された。

彼は広西文革領導グループのリーダーになった１９６８年、広西壮族自治区革命委員会主任に昇格し、省委員会書記にまで昇格するとは誰も思っていなかっただろう。毛沢東の忠臣と呼ばれてはいたが、実際には劉少奇や鄧小平と仲が良く、文化大革命が始まったときには、彼は毛派から疑いの目を向けられていた。

毛派は学生革命団体組織を中心に、「広西422革命行動指揮部」を設立し、その矛先を韋国清に向けさせた。

造反の潮流の中で、韋国清を支持する軍、地方高級幹部、党団組織、区県武装部、武装民兵が「連指」という組織を立ち上げた。それによって戦闘は激しくなった。

毛沢東の奴隷と呼ばれた周恩来が、1967年に3度目の広西省大衆組織の接見をした時に大声で、「422革命行動指揮部を支持。422は革命造反派であり正しい。連指は単なる保守派である」と語ったのである。これを聞いて連指のメンバーは落胆し、駐屯軍の毛沢東左派支持についても間違いではなかったかと総括されて、帰還させられた。

その後、数ヵ月たって、韋国清は劉少奇や鄧小平と絶縁して毛沢東に忠誠を誓うことを発表した。そして1968年7月3日、中央文革組織は突然広西省の問題に対して、「73布告を発表して、422革命行動造反派と連指の武装闘争を停止させる。これは反革命事件であり、24時間以内に武装解除を命ずる。命令に反すれば容赦なく厳罰に処す」と命令を出した。

これは韋国清に党政軍の大権を与え、正当化するものである。彼は軍を駆り出して、反対派人民に銃口を向け始めた。

1966年に始まった文化大革命のさなかの60年代末に撮影された、当時の中国共産党指導部。右から毛沢東、林彪、周恩来、毛沢東夫人の江青

1967年の瀋陽市30万人挙行批闘大会の光景。トラックの荷台で罪状と名前を書いた札を首にかけた２人の元共産党幹部が民衆の批判にさらされている

武装解除に応じた422側は北京に直訴し、周恩来に泣きついた。しかし周恩来は、「あなたたちが間違いを正そうとしないのなら、死への道があるだけだ」と冷たく突き放した。ここから文化大革命史上最大の大虐殺事件が幕を開ける。

殺人も「有理」というので、韋国清は反革命の粛清を開始し、布告の翌日には「中華民国反共救国団広西分団」の正副団長など幹部63人を摘発した。

422の組織内には大衆を抱え込んでいるが、解放軍の総部や連絡部はその内部情報を把握していた。韋国清側の軍の勢力と、422側の大衆という「非対称」の内戦は、軍側の圧倒的な武力で韋国清に有利だった。

遠方の鎮や県には正規軍から兵を出し、省や都市における指揮官も軍から派遣された。多数の軍人は私服で軍人であることを隠し、422側の大衆に奇襲攻撃をかけた。拠点は砲撃によって撃破し、大衆は機銃掃射で皆殺しにする。

この非対称内戦によって、わずか4ヵ月で死者10万1000人、重傷17万5000人、行方不明33万1000人という驚くべき数字を残した。422側に生き残った大衆は、ほとんどいなかった。

南寧展覧館虐殺事件

人間性を失った軍側は、続けて虐殺事件を起こした。それが「南寧展覧館虐殺事件」である。

「73布告」によって南寧警備区司令部は部隊を派遣し、連指に合流させて４２２の主要拠点である展覧館を包囲した。

「24時間以内に投降せよ。さもなくば殲滅する」という警告は無視され、軍は数十人の指導者を見せしめに銃殺した。それに恐れをなし、立てこもっていた大衆は地下の防空壕に逃げ込んだ。この防空壕は中国がベトナムと戦争した時に、アメリカの参戦を警戒して作った堅固なものであり、内部には数百人が１ヵ月以上暮らせる生活物資が貯蔵されていた。

ところがこのとき、広西では雨が降り続き、夜半には邕江の水が堤防からあふれ出して南寧市内は水浸しになった。これは１００年間なかったことだった。氾濫した川の水は展覧館の地下防空壕にも流れ込んだ。

２ヵ月後、水没していた防空壕から水が引いた時、解放軍が建築公司の協力で壕の扉を開けると、強烈な腐敗臭が充満していた。そこに逃げ込んでいた１００人（２００人との説もある）は、腐敗した死体となっていた。この死体の搬出を手伝わされた現地住民によれば、本当は天気が韋国清に味方したのではないだろうとのことであった。

１９７９年に区の人民大会が開催された時に、反革命分子としての「４２２」の名誉回復が討論されている最中、農村から参加していた１人の退役軍人が、１枚の証書を取り出した。そこには、「展覧館攻撃の夜、命令により小隊を率いて上流のダムを爆破」と書かれていた。それは11年前に、南寧展覧館の地下防空壕を水没させた作戦を証明するものだった。

人民大会の出席者は呆然となった。議長は慌てて、「この証人と証拠は国家機密であり、外部との接触を厳禁する」と宣言した。

解放軍は毛沢東時代から、目的のためには人民を平気で虐殺するという話である。この解放軍の性格は現在も変わってない。中国共産党は同じ民族、国民をも虐殺できるのだ。この歴史を知らなくては、日本を守ることは不可能である。

湖南省、四川省、安徽省での虐殺

湖南省懐化では「労働改造工場包囲殲滅事件」があった。

1967年8月〜11月に、懐化市の造反派組織は郊外にある農場と労働改造工場を占領した。市区にある保守組織が優勢だったが、この占領によって互角になったのである。

これに驚いて解放軍は駐屯部隊を送った。造反派組織は、囚人（右派、資本家、知識人、外国と関係ある者など）たちとともに、「敢死隊」を結成し、徹底抗戦の構えを見せた。それによって解放軍は彼らを「反革命武装反乱」と規定し、解放軍の増援部隊を要請して農場と労働改造工場を完全包囲した。

戦闘は10ヵ月に及び、双方で3万7700人が死傷したが、そのうち解放軍の死傷者は430人だけだった。

四川省宜賓の「戒厳令大鎮圧事件」も紹介しておく。

1967年6月〜68年3月にかけて、宜賓地区には「反劉張」という組織と、「保劉張」という組織が対立していた。当初はたがいに文書合戦を展開していたが、1968年1月に北京（中国共産中央）が「劉張を支持する」と発表したことから両派の抗争は激化した。

現地駐屯軍は党中央と足並みをそろえ「劉張を支持する」と発表し、無産者階級の専制政治を打ち出して2個兵団を動員して戦闘に突入した。これによって4万3800人が死傷（死者2万1100人）、1年3ヵ月にわたって宜賓地区には戒厳令が敷かれた。

安徽省では、1968年5月〜9月に現地の労働者たちが「2次造反」を起こし、党中央に属する指導者たちの転覆を図った。これら2次造反派は政府庁舎を包囲し、鉄道を占領して毛沢東を驚かせた。

しかし、毛沢東は2次造反派を「反革命性質」だとして野戦軍を派遣し、省城の5万人の民兵と合流させ、35日間にわたって「反革命勢力」と戦闘を続け、7万3000人が死傷（大半が死亡）した。

雲南省のイスラム教徒虐殺

雲南省の沙甸民族鎮圧事件は、モンゴルとウイグルに接する境界地域にある4つの郷のうち3つの郷に居住する回族（イスラム教徒）が毛沢東の文化大革命を支持したことから始まった。回族は毛沢東を熱烈応援し、「毛語録」や「大字報」を熱心に読んだ。一部の革命派は無神論者となって「徹底革命派」と称し、イスラム寺院の「清真寺」を焼き討ちした。寺側には「大無畏造反兵団」があり、徹底革命派の「民族政策保衛兵団」と対立した。

寺側の兵団からの挑発によって徹底革命派との武装闘争が始まった。この闘争は長期にわたったが、イスラム教の自由を毛沢東が保証したことから民族は団結した。

1975年4月、共産党は回族に対して、「イスラム共和国建設を計画した」という罪科を捏造し、解放軍の正規軍125団と126団の8000人を派遣し、沙甸地区を総攻撃させた。1週間たっても鎮圧できなかったので、総指揮官の楊成武は砲兵部隊の派遣を要請して一斉砲撃を加え、1000戸の村を破壊した。残った家は3軒だけだった。

解放軍が掃討のため村に入ると、老若男女157人が両手を上げて投降してきた。解放軍は彼らを畑のあぜ道に連れて行き、機関銃の一斉射撃で皆殺しにした。幸運にも生き残ったのは5人だけだった。

この戦闘で回族1600人が射殺されたが、それは回族の2割に当たる。このときの軍事委員会の委員長は、権力を掌握したばかりの鄧小平だった。

習近平の故郷で起きた虐殺

1968年12月〜69年12月には、習近平の故郷である陝西省においても軍と人民の大戦闘が繰り広げられた。

１９６８年12月、同省宝鶏地区の８社の軍事企業では、「清理階級隊伍」の運動を行ない、7万人の労働者のうち、４万５０００人が「反革命」として打倒された。省の地区軍区に所属する軍事管理組織の３００人は死刑を言いわたされ、すぐに銃殺された。

翌日、宝鶏地区では大暴動が発生した。駐屯軍は慌てて党中央に「反革命の大暴動発生」と連絡、解放軍は暴動鎮圧のために戦車や大砲まで動員した。

反革命として打倒された４万５０００人は、武装した正規軍に包囲され両者の間で激戦は２ヵ月に及び、３万人の死者（負傷者は2万人）を出した。解放軍側の被害については、国家機密として明らかにされていないが、軍事管理組織の組長、政策委員、革命委員会代表たちは全員死亡している。軍隊の２つのビルも暴動で爆破された。

毛沢東を「左派」として、それを支援する解放軍は「支派」と呼ばれた。党中央からの命令があれば、解放軍は自分の家族であろうが神仏であろうが皆殺しにした。

一度の暴動鎮圧の戦闘による死者としては、この宝鶏の戦闘が最も多い。皆殺しにされたが、反革命として打倒された4万５０００人は、現在でも勇士として讃えられている。特に、国内外の中国人学者は絶賛する。

毛沢東と周恩来の発動した「無産者階級文化大革命」の10年間に、解放軍がどれほど多数の人民を虐殺したのか報道されたことはない。元人民解放軍大校の辛子陵は、「暴君毛沢東は、中国人民8000万人を虐殺した」と発表している。軍内部でも数万人が「右派」として殺されている。

こうした文革期の大虐殺について、60歳以上の中国人ならほとんど誰もが知っている。しかし、心優しい日本人は、中国共産党、解放軍の残忍さを知らず、中国の強国・強軍を支え続けるような政策をとり続けている。日本の政治家も学者も経済人も、もっと中国に対し冷静になって、自分の国をもっと愛して欲しいものである。

核実験や事故で放射能汚染が蔓延

退役軍人にがん患者激増

2012年3月4日の新華社電によれば、中国国家海洋局の劉賜貴局長は同日、東京電力福島第1原子力発電所の放射能漏れ事故について、「まだ中国の管轄海域に影響は出ていない」としながらも、「長期的に見ればこの海域に一定の脅威となる」と述べ、海洋環境への放射能調査を続ける考えを示した。

ところが、いま中国本土では深刻な核汚染が、すでに進行しているのである。

中国では、過去30年間に核実験が46回実施された。かつて核実験に参加した退役軍人らにがん患者が激増、猛烈な抗議行動が起きている。また実験場がある新疆ウイグル地区においても、がん患者は猛烈なスピードで増え続けている。

核実験に参加した解放軍兵士や技術者など数万人は、放射能の影響で深刻な病気や後遺症に悩まされている。

退役して長い年月を経た退役軍人たちには、政府からの医療保険も生活補助もない。5～6年前から海外の中国人ネットや国内の「六四天網ネット」などでは、核実験の被害退役軍人の実態を報道し続けている。

解放軍の隠蔽工作

自由アジアテレビの2月8日の報道によれば、かつて新疆ウイグル地区の馬蘭部隊21核実験基地で技術者だった祝洪章は北京の人民解放軍総装備部試験訓練基地に来て、赤文字で被害内容を書いた横断幕を掲げた。彼は総装備部に、1日も早く医療保障と生活保障を出してくれと要求した。

自由アジアテレビの取材に対して彼は、「解放軍の事務室から電話があり、30万元の補助金を出すと言われたが、私は拒否した」と答えた。この30万元で、抗議の口封じをしようとしたのだ。

30万元ではいままでの精神的、身体的な損害の賠償はできないとして抗議を続けるが、総装備部は冷淡な態度で、祝を20人の兵士に監視させている。祝がスローガンを書いた横断幕を広げたら、2人の兵士が彼を蹴飛ばした。

祝は1984年に軍校を卒業してすぐ馬蘭基地技術団に派遣された。それから核実験の最前線で、8回の核実験データを収集する危険任務に就いた。その時に浴びた放射能によって病気になったのだが、同じ部隊にいた数千人が同様の被害を受けていると言われている。

それらの人々は強制的に故郷に送り返され、長期間の監視の下に、移動や面会を制限されていた。解放軍は、放射能被害を受けた軍人の存在がスキャンダルになることを恐れ、隠蔽を図ったのである。

また、四川省の退役軍人・熊世針は、「私の知る限り省内に1300人余りの核実験参加退役軍人がいる。彼らは放射能被害を受けても生活保護もなく、仕事もなく、政府は医療保障の要求さえ拒否した。これら生活苦の退役軍人たちは、自費で検査することもできず、平均年齢は若くて50歳前後で死亡する人が多い。政府は被爆者の検査すら拒否している」と語る。

生活苦の被爆者たちは、食べるのに精一杯であり、後は余裕などない。地方政府は数千人の被爆者たちが次々に原因不明の病気で死亡しても無視し、逆に真相を暴露する者は刑務所に送られるという。

中国共産党は、文化大革命での大虐殺、天安門の大虐殺、チベット大虐殺、新疆ウイグル大虐殺、法輪功の大弾圧などと同様に、核実験による放射能被害で国民を大虐殺している。

先日、名古屋市長が南京大虐殺の犠牲者30万人は嘘だと抗議したが、中国ではいまも現在進

中国の初期の核実験。多数の兵士が、スローガンを書いた立て看板の向こうに出現した、核爆発による巨大な火球を見つめている。彼らはその後、無事だったろうか

六四天网が報じた傷痍軍人のデモ。訴えを記した大きな紙を手に道行く人に呼びかけていたが、まもなく警察に排除された。2012年２月22日、北京

行形で大虐殺が行なわれている。ちなみに南京大虐殺の30万人というのは、蔣介石が30万人の人民を大虐殺したという共産党のプロパガンダから始まったものである。

被爆軍人の抗議デモ

解放軍の8023部隊が現在の総装備部第21試験訓練基地、馬蘭基地の前身である。1950年代末期には、朝鮮戦争から帰還した解放軍の兵士（志願者による義勇軍と称していた）たちが核実験基地建設の測量などをやらされた。

1964年10月16日に新疆の羅布泊地区試験場で最初の原爆実験に成功し、1967年9月に水爆実験に成功した。

1986年、3月に北京政府は大気圏内の核実験を停止すると宣言しながら、1996年7月29日に再び核実験を強行している。その時に核実験に参加した軍人や技術者は、すべて退役させて農村に送り、秘密が漏れないように監視している。

しかし、退役軍人や技術者がつぎつぎに放射線被曝によって死亡・発病し、生まれてくる子どもたちは先天性障害児となっている。

2003年に中国政府は核実験被曝軍人に補償金の支払いを決めたが、各地の地方政府では資金不足を理由に支払いを実行しない地区が多く、数年前からは被曝軍人が抗講する声が大きくなっている。

「ウルムチ鉄道センター病院」に勤務していたある外科医は、１９９４年からがん患者が激増したことに気付いたという。特に放射線被曝による血液がん、リンパがん、肺がんが多いという。彼は2年間にわたってがん患者のデータを記録した。

１９９７年にイギリスのテレビ局が「シルクロードの死」と題してドキュメンタリー番組を制作するときに、核実験によって数千人の被爆者ががんになって、先天性障害児が生まれている現状を明らかにした。核実験場のある新疆ウイグルでの１９６４年以降のがん発病率は、大陸の平均の25パーセントアップである。

２００９年には２００人余りの新疆核実験基地に勤務した退役軍人たちが、政府補償を求めて天津市で抗議デモを行なった。中国政府は被曝軍人に1人当たり月額２３０～４０００元の補助金を出すと発表した。しかし、新疆や周辺諸国の諸民族に対する補助金はなかった。

放射能の脅威と被害は国境を越えて広がる。２０１２年3月1日、ヨーロッパで開催された国際会議で、「中国政府は我々の独立調査を許可せよ、被爆者に補助金を支払え」と要求した。

１９８０年代にＮＨＫがシルクロードを特集してから、新疆ウイグル地域の日本人観光客が激増した。その中に放射能被爆者がいるかどうかは、調査されていない。

建造中の原潜から大規模放射能漏れ

２０１１年7月30日の「博訊ネット」（本部はアメリカ）は、解放軍海軍大連艦艇学院の消息筋からの情報として、驚きのニュースを報道した。

大連市東北方にある小平島海軍基地に停泊、艤装工事中の新型原子力潜水艦から放射能が漏れ続けているというのだ。

7月29日午前、時代電子公司のエンジニアが電子機器の設備工事を行なっていたところ、突然放射能が漏れだしたという。原因は調査中で、現場は完全封鎖され、情報漏洩は厳罰に処すとのことであった。

中国では原潜の放射能漏れ事故は、毛沢東時代から何度も発生しており、確認されただけで6回を数えているのである。

その後の情報を総合すると、今回大連で事故を起こした潜水艦は、数日前にも一度、放射能漏れを起こしていた。この最初の漏洩事故は、たいしたことはなかったようだが、工事を担当する企業は放射能漏れの状況に「もしこの状況が続くならば、我々はどの様に工事を続ければいいのか」と厳しい疑問を呈したという。そして、「工事のスピードを落とし、まず不良箇所の技術的問題を解決してから工事を続けるべきだ」と主張した。

しかし、軍側は「事故は偶然起きたものだ」と強調、「断固として快速で工程を進める」とした。さらに軍令で、「厳格に執行し、秘密を守り、継続して作業を進める」よう命じたという。そして再び7月29日に、重大な放射能漏れ事故が起きたのである。

ちなみに、大連で潜水艦の工事にあたっていた技術者は、ほとんどが北京の中国運搬火箭

（ロケット）研究院第９分院（時代電子）所属の第７７４研究所から来た人たちである。原潜の工事に派遣する技術者の条件は、①既婚者、②すでに子供が生まれている、だったそうだ。彼らは事故直後には、現地の宿舎に帰ることも禁じられたようだが、その後、無事に北京に戻れたのだろうか。

この事故に関する中国政府の公式発表はついになかったが、もし事実でないなら、博訊ネットの報道をなぜ否定しなかったのか。技術的に熟成しないうちに大急ぎで造り、何かことがあったら隠すというのは、この漏洩事故直前の７月23日に起きた高速鉄道の衝突事故と同じである。党に不都合なことは隠蔽してしまうというのは、いまも変わらぬ中国共産党の国策なのである。

核弾頭３０００発と地下の万里の長城

驚愕の調査結果

２０１１年11月30日のワシントンポスト紙で、アメリカの大学生グループの調査で、中国の核弾頭保有数が３０００発を超えている可能性があることが報じられた。

アメリカのジョージタウン大学のフィリップ・カーバー教授が長期間調査を続けた結果、人民解放軍第２砲兵部隊（戦略ミサイル部隊）は、地下にトンネル３０００マイルを掘り進め、

「地下の万里の長城」と呼ばれる施設を作り上げて、そこに核弾頭を格納していることが明らかになった。教授はこのトンネル網について360ページにおよぶ報告書をまとめている。このトンネルは河北省の解放軍基地に存在する。

アメリカとロシアの核弾頭の合計は4000発で、従来、それは全世界の核弾頭の90パーセントを占めるとされていた。国際社会は、中国の保有する核弾頭は80〜400発の間であろうと推測していたが、実際は、それをはるかに超えているようなのだ。

教授はほとんど公表されることのない中国の軍事施設を調査し、NPT核拡散防止条約に対する違反行為についても調査した。NPTはアメリカ、ロシア、フランス、イギリス、中国の5ヵ国以外の核保有を禁止する国際条約であり、保有国は厳密な報告や相互監視の責任を負う。この価値ある報告に対して中国側は、デタラメの研究成果など信頼できないものだと反発した。ところが、アメリカのブレーンである中国大陸在住の学者・石明凱はワシントンポストに対して、「カーバー教授の報告書は正しい。中国は莫大な投資で地下軍事トンネルを掘り進んでいる」と答えている。教授の報告書は、発表前に各国の研究者に伝えられている。

アメリカ国防総省（ペンタゴン）が8月に発表した「2011年中国人民解放軍の軍事報告」のなかで、カーバー教授の報告書が引用されている。教授はかつてペンタゴンに勤務しており、四川大地震の時には被災地に多量の放射線が拡散していた事実を把握していた。そして四川省の山々が崩壊した現場を見て、中国戦略ミサイル部隊の研究を進め、「地下の万里の長城」を学生とともに調査研究するに至った。

学生たちはコンピューターを駆使して中国のネットからデータを集め、新聞報道やテレビドラマも調べ、退役軍人や解放軍内部情報からも資料を集め、それを中国語に堪能な学生が翻訳して調査を進めた。

そして3000マイル、4828キロにおよぶ地下トンネルの存在と、そこに秘密裏に格納されている3000発の核弾頭の存在を割り出したのである。

「水爆実験」でソ連軍侵入部隊を殲滅？

カーバー教授の報告書の報道直後、さらに国際社会を震撼させたのが、中国がかつて1980年代に行なった、ある「水爆実験」に関する情報である。

12月1日の「博訊ネット」の「51軍事観察室」の報道によれば、人民解放軍ミサイル部隊は1980年代初頭の経済改革が始まった頃、中ソ国境紛争が続いていた地域で、ソ連機械化部隊が新疆ウイグルまで約80キロの地点に進出してきたことに対処すべく控えていた。

中央軍事委員会では、「軍事的対抗」を主張する強硬派の意見が通り、朝鮮戦争で戦功のあった27軍と38軍をソ連攻撃に振り向けることになったが、現実問題として国際的な監視が強く、中国側からの戦闘開始は避けるべきだとしてストップがかかった。しかし、当時の軍事委員会主席・鄧小平は委員会メンバーに、解決策があると胸をたたいた。

数日後、新華社が世界に向かって発信したのは、「我が国は数日前、世界平和のために我が国領土の新疆ウイグルとソ連の国境無人地帯において、巨大な水爆実験を行なった。我が国は核兵器を保有していない国に対しては、核攻撃は行なわない」という内容だった。

中国は自国領と主張する新疆ウイグルにおいて水爆実験を行ない、侵入してきたソ連機械化部隊3個師団を全滅させたのである。

この時、放射線を浴びて死んだ数千人のソ連兵の遺体は、回収も出来ずに放置された。その後、中国とソ連との秘密交渉で、ソ連兵の遺体と残存物を回収、移送することで合意している。

ソ連側は、この事実を公表すれば、自分たちが戦わずして敗れたことを国際的に認めねばならなくなるので公表せず、中国側も、水爆を殺人破壊の目的で使用したことが国際的に非難されることを恐れて公表しなかった。

当時はアメリカのスパイ衛星もこの事件を感知できず、この事実は中ソ両国のトップレベルだけが知るものだった。

中ソ両国は1960年代から、国境地帯で軍事衝突を繰り返していた。「博訊ネット」によれば、当時世界最大の領土を持っていたソ連だが、その面積に比して人口は少なく、特に極東地域では少なかった。そこで新疆ウイグルの遊牧民を秘密裏にソ連領土に移住させる計画を立てた。

その移民計画のため、ソ連軍機械化部隊3000人が実行部隊となった。中国軍の攻撃に対処するため、部隊は完全武装で国境を越えた。遊牧民たちは、喜んでソ連に移住すると言っていた。

この計画を知った中国政府は激怒した。鄧小平の計画は、ソ連兵たちが国境を数十キロ越境した時点で「核実験」を行なうというものだったのである。

そして中国は「核実験が成功」と発表し、ソ連は泣き寝入りしなければならなかった。

１９６９年の「珍宝島事件」（黒竜江の中州の領有権を巡る中ソの大規模な軍事衝突）以後のソ連への攻撃がついに核兵器の使用にまでエスカレートした結果、ソ連は中国を恐ろしい国家と認識し、以後兵器輸出を制限するようになった。

中国は、越境してきたソ連軍を核爆弾で殲滅するような国である。１９８９年6月4日の「天安門事件」での自国民大虐殺を見ても、中国が外国人に対して残虐性を隠さない国だということは確かである。

5000キロの地下要塞で核戦争に備える中国

人民解放軍第2砲兵部隊（戦略ミサイル部隊）の「地下の万里の長城」と呼ばれる軍事トンネルは、２００８年3月に中国国営中央テレビのニュースで報じられたことがある。２００９年12月には、解放軍はこの報道を認めていた。この時点で総延長４８２８キロの地下トンネルに３０００発の核弾頭が保管されていることが明確だったのである。

地下トンネル建設は1980年代から推進されていたが、主要部分は太行山脈の山中から掘り進み、河南省や山東省の山脈の地下を貫通させた。現在も拡大延長工事が続けられている。

2005年7月に、中国国防大学防務学院院長だった朱成虎少将（共産党主席だった朱徳の孫）は、香港のマスコミの取材に答えて中国の核兵器使用について驚きの回答をしている。

「もしアメリカが台湾海峡に干渉するなら、我々にはそれなりの覚悟がある。中国が西安の東の都市をすべてアメリカの核攻撃で破壊されたとしても、アメリカもまた西海岸の120以上の都市が我々の核攻撃で破壊されることを覚悟しなければならない」と公式発言し、中国が核戦争を準備していることを国際的に発表したのである。

「地下の万里の長城」は、北京から数時間で到着できる河北省の山岳地帯に入口があり、深さ数百メートルに掘られている。1990年代初頭、日本がODAによって製鉄技術や鋼板製造技術を資金とともに供与した結果、地下トンネルは外部からの核攻撃にも耐えうる堅牢な要塞となったのである。

フィリップ・カーバー教授の報告書は、2008年の四川省大地震の時に白い防護服を着た数千人の特殊部隊が被災地で目撃されたという報道がきっかけとなり、作成されるに至ったものだ。

外国の核攻撃による第一撃に耐えうる堅牢な地下要塞と3000発の核弾頭が、中国の核戦略に保障を与えているのである。

第3章　党の腐敗、軍の腐敗

中国共産党の腐敗の歴史

毛沢東時代の混乱

中国共産党政権60年の歴史は、ふたつの段階に分けることが出来る。毛沢東による執政がひとつ、そして鄧小平による改革から現在までがもうひとつの段階である。

毛沢東の段階は徹底した独裁であり、経済であれ、政治であれ、イデオロギーであれ、すべて毛沢東の主張に服従し、その支配を受けねばならず、その個人的好悪に従ってほしいままに政策が制定された。

建国の当初こそ、毛沢東は自分が革命戦争期に提唱した新民主主義のモデルに従い、形の上では民主派と連合政府を作り、経済的には大銀行や大企業を国有にしたことを除けば、その他の資本家の財産を没収しようとはしなかった。没収したのは地主の土地だけで、それは農民に分配して、「耕すものには田を与える」を実行した。

だが、そのわずか3年後、速くも三反五反運動を開始した。（「三反運動」とは、「党政軍の汚職、浪費、官僚主義の三つに反対する綱紀粛正運動」を指し、「五反運動」とは、「資本家による贈賄、脱税、国家資材の盗用、原料・手間のごまかし、国家経済情報の盗洩の五つに反対する運動」を指す）

まず、脱税と贈賄を理由として資本家を倒し、高崗（元政府副主席）、饒漱石（元党中央組織部部長）、胡風（作家）らを粛清・投獄、さらに反右派闘争へと進み、あらゆる民主派の人士や知識人を吊るし上げ、その被害者は数十万人に上った。

それから間もなく国家と民間資本の共同経営や、農業の協同化をすると吹聴し、社会主義路線を歩んでいたと思うとすぐに共産主義路線へと飛躍し、大躍進や人民公社を実行し、3年の大飢饉をもたらして数千万の餓死者を出した。

このような情勢悪化を受け、毛沢東は党内で開かれた七千人大会で一線を退くことを余儀なくされ、劉少奇が党務を司ることになった。

しかし、毛沢東は余人の後塵を拝することに甘んずることが出来ず、文化大革命を発動、林彪を丸め込み、江青らを手先とし、自らの革命の同志に向かって牙を剝いた。まず、劉少奇と鄧小平を打倒し、次に林彪をゴビ砂漠に墜落死させた。次に批林批孔運動を展開し、信任の厚かった周恩来までも吊し上げた。

全国の治安は10年の長きにわたって乱れ、吊し上げられたりそのとばっちりを受けたりした人は１億人近くに上った。経済が疲弊したのは言わずもがなであり、この局面は１９７６年に毛沢東が亡くなり４人組が失脚するまで終息しなかったのである。

毛沢東のことを、マルクス主義と秦の始皇帝を足したような人間だという人がいるが、実は彼はそれほどマルクス主義に精通していたわけではない。マルクスはプロレタリア階級（労働者）による革命を主張したが、中国には多くの労働者がいたわけではない。しかし、中国には農民ならいくらでもいたし、農民蜂起の伝統ならいくらでもあった。

そこで毛沢東はマルクスの教えから離れ、レーニンの道に背いて農民戦争を起こしたが、その挙を自ら「毛沢東思想」と称し、『資治通鑑』（北宋の政治家・学者である司馬光が著した編年史）などにある帝王の統治術から得た民衆支配術や宮廷内の権力闘争術に「階級闘争」というラベルをくっつけた。

もっともらしい理屈をつけてはいたものの、することは自分勝手なほしいままの振る舞いだった。その結果、中国社会はめちゃくちゃになったのである。こういう「皇帝」は古今東西の歴史を見ても前例がなく、毛沢東は飛び抜けた大独裁者、暴君、帝王だったと言うほかはない。

鄧小平以後の社会主義市場経済

鄧小平の段階は、毛沢東の後始末をすることから始まった。鄧小平は理論面での教養を身につけた人間ではなく、単に着実に仕事をこなすタイプだったが、中心となる理念を持っていた。それは、共産党統治を断固として失墜から守るということだった。

鄧小平が改革開放を唱導したのは、毛沢東によってめちゃくちゃにされた共産党政治を挽回するためでもあった。鄧小平には理論がなかったからこそ、彼にとっては黒い猫だろうが、白い猫だろうが、ネズミを捕らえるのがよい猫だったのであり、彼はそこから模索を開始して、市場経済という広々とした道を探し当てた。

彼は市場経済は社会主義ではなく資本主義だということをよく知っていたが、それに強引に「社会主義市場経済」という呼称を付け、ごまかしてその場を切り抜け、党内の議論を禁止した。

こうして計画経済を捨て去ったが、共産党政治の官僚機構にはまったく手が加えられなかった。そのため市場経済導入で真っ先に豊かになったのは、党の役人やその子女だった。党の役人は権力と交換に金銭を手に入れ、その子女は父親を後ろ盾にして次々と事業に手を染め、瞬く間に財を成し、ついに現在のような権貴資本主義の図式が生み出されたのである。

鄧小平は早くから、自由経済が必然的に民主政治をもたらすことを懸念していた。そこで彼は１９７９年に「四項原則の堅持」を提出したのだったが、実はその原則の中の社会主義・マルクス主義・レーニン主義・毛沢東思想の堅持というのはいずれもお飾り的なものであって、誠に堅持すべきは一党独裁、つまり共産党の指導であり、これこそが共産党政権の命綱だった。

また、鄧小平は１９８７年に「安定は一切を圧倒する」と主張したが、このスローガンこそが江沢民や胡錦濤に統制や鎮圧を強化することを許すお墨付きとなったのである。

1979年、国交樹立直後に訪米した鄧小平とカーター大統領

国家の利益を官僚の家族が独占

権貴資本主義は今日まで発展を続け、２０１０年にはＧＤＰが日本を抜いてアメリカに次ぐ2位になった。だが日本の人口が1億３０００万人なのに対し中国は13億人、人口１人当たりで計算すると、中国のＧＤＰはアメリカや日本に遠くおよばないばかりか、ドイツやイギリス、フランスよりもずっと少ない。

中国は世界で一番外貨準備高が多い国とはいうものの、その全部が自国の金ではなく、外国人投資家からの資本や短期運用資金が少なからず含まれている。中国では外貨を直接使用することができないので、外国人投資家は外貨を人民元に換金する。それでしばらくの間、中国の外貨準備高が増えるのであり、こうした外国からの資金は、すでに工場の建物だとか機械などの設備に使われてしまったものを除けば、いつ何時引き上げられるとも限らない。

中国はアメリカにとって最大の債務国となっているが、それは、中国は大量のドルを抱えており、もしアメリカの国債を買わなければ利息が得られないし、下手をするとドルの価値が下落する場合もあるからである。アメリカの国債を買うというのは、一種のドル価値の防衛手段である。

現在、権力の座にあるものを含む多くの人間が、中国経済はとてつもなく強大であると傲慢な態度で浮かれているが、すこしはしゃぎ過ぎのきらいがある。確かに、いまの中国経済の実力は毛沢東時代と比べればはるかに良くなっており、21世紀に入った頃よりもさらに良くなっている。

大学教授や有名な作家・芸術家、国家機関・社会団体・国営企業・民間企業の高級管理職、専門家や高級技術員、民間企業主などといった中産階級の個人収入は、一般に大幅に増加し、その居住環境や物質的生活レベルはかなり改善されている。

だが、社会の富の配分は極度に不均衡で、貧富の差は深刻である。権力の乱用が横行し、法治国家の姿はどこにもなく、社会は極度の不公正に満ち、社会の矛盾や対立は深まっている。

２００７年、世界銀行はつぎのような報告書を発表した。中国は人口の０・４パーセントの人が国全体の70パーセントの財産を所有し、その集中の速度は世界一で、３２２０人いる億万

資産で見る中国太子党ベストテン

第１位　**王　軍**（王震の息子）――中国中信集団公司董事長。同社の時価総額は 7014 億元
第２位　**江綿恒**（江沢民の息子）――中国網絡通信集団公司創立者。同社の時価総額は1666億元
第３位　**朱燕来**（朱鎔基の娘）――中国銀行香港発展計画部総経理。同銀行の時価総額は1644 億元
第４位　**胡海峰**（胡錦濤の息子）――元・威視公司総裁。同社の時価総額は838億元
第５位　**栄智健**（栄毅仁の息子）――元・中信泰富主席。同社の時価総額は476億元
第６位　**温雲松**（温家宝の息子）――北京 Unihub 公司総裁。同銀行の時価総額は433億元
第７位　**李小鵬**（李鵬の息子）――華能国際電力董事長。同社の時価総額は176億元
第８位　**孔　丹**（孔原の息子）――中信国際金融董事長。同社の時価総額は99億元
第９位　**李小琳**（李鵬の娘）――中国電力国際発展有限公司副董事長。同銀行の時価総額は82億元
第10位　**王京京**（王軍の息子、王震の孫）―― 中科環保電力有限公司副主席。同社の時価総額は７億 7000 万元

長者のうち２９３２人が高級幹部の子女であって、彼らは全部で２兆４５０億元あまりの財産を保有している。

このほか中国には、中石化（中国石油化工股份有限公司）、中石油（中国石油天然股份有限公司）、中移動（中国移動通信集団公司）、工商銀行、中国建設銀行などのように世界的巨大企業のリストに名を連ねる大企業があるが、いずれも国家独占資本であり、官僚やその子女が管掌している。

これらの者たちは自分の身分を明かすことはないので、一般の人々は彼らの正体を知るすべがないが、２００９年７月、中石化の陳同海取締役会長兼社長が2億元の収賄罪で執行猶予付き死刑の判決を下され、彼が中央政法委員会副書記の陳偉達の息子であることがわかった。また、王震の息子・王軍が管掌している金融グループの中国中信集団公司も国内最大級の企業であり、株式市場におけるその時価総額は７０００億元あまりにも達する。そして江沢民の息子・江錦恒が創立した通信事業会社である中国網絡通信集団公司も、その時価総額は１６００億元あまりに上る。

汚職役人の蔓延

官僚や高級幹部の子弟が企業によって得た財産は、商いによる収入と見なされるので、汚職役人と比べればまだましである。全国どこにでもいる汚職役人の不正な蓄財となると、その金額の莫大なことにいよいよ驚かされる。

２００９年2月に北京で開かれた「アジア太平洋腐敗防止研究討論会」で、経済協力開発機構が行なった報告によると、２００８年に中国において汚職に関係した金は４０９０億元から６８３０億元に上る。また２００７年の上半期だけで、中国では汚職役人８３００人が海外に逃亡し、６５００人が国内で失踪しており、彼らが海外に持ち出した金は、合計すると87億5０００万ドルから５００億ドルになると見られているという。

中国の役人の汚職や腐敗が深刻なまでに悪化していることは周知の事実だが、当局はその事実をひた隠しにし、一切は中央規律検査委員会で内部処理されており、正式に公訴が提起された事件となって、初めてメディアがつたえることになる。

数年前、執行猶予付き死刑の判決が下された北京首都空港グループの理事長・李培英は、２６６１万元の賄賂を受け取ったほか、８２５０万元の公金を流用し、それらの金を合計すると１億９０００万元あまりに上る。これほど巨額の汚職をしても、その判決は「執行猶予付き死刑」にしかならない。

中国経済発展の利益は、そのほとんどすべてが官僚、高級幹部の子弟、汚職役人のポケットに入る。いっぽう中国の一般庶民の多くは、あいかわらず貧困の状態にある。失業者はもちろん、仕事があっても1日の収入が1ドルに満たない人が、いまなお3億人もいる。ましてや、農村にある民営学校の教師や、貧しい田舎の農民、それに都市にやってきた出稼ぎ農民や陳情者は言うにおよばずである。

経済発展を帳消しにした環境汚染

中国の経済発展は、深刻な環境汚染を代償に成し遂げられたものである。香港は、珠江デルタの経済発展と引き換えに青い空と白い雲を失い、それ以来香港人は長いこと汚れた空気の中で暮らしてきたのである。

２００７年に世界銀行は中国の環境汚染に関する報告書を提出したが、空気が汚れている世界の都市のワースト20のうち16までを中国が占めており、空気汚染が原因で早死にするものが毎年およそ25万人から40万人いると指摘している。

また、中国の河川の汚染も恐ろしいことになっている。それは、河川の流域や沿海地帯には2万１０００余りもの化学工場が分布していて、有毒な廃液を絶えず排出しているからである。

現在、中国の川や湖の70パーセント以上、都市の地下水の90パーセント以上が汚染されている。黄河の支流の三分の二は、工業用水としての使い道さえないほどである。

長江や珠江も深刻な工業汚染の影響を受け、淮河、海河、遼河、松花江も病んだ川となっている。また、太湖、巣湖、滇池では、藍藻による被害が発生するなど、中国の9大湖のうち7つまでが深刻な汚染の状況にある。

北京近郊を流れる鮑邱河などは、上流から下流まですべてどす黒く汚れて悪臭を放ち、川辺には何一つ生き物がおらず、辺り一面が死の静寂に包まれている。この鮑邱河の流域にある夏墊村の村民からは基準値の295倍のヒ素が検出された。同村はいまやがん多発村となり、多くの村民が白血病やがんで亡くなっている。

また、河北省の呉荘村、山東省の李家村・馬家窪村・坡家村・蕭家店村、山西省の邱家営村・南智光村、河南省の北老観嘴村なども、すべてがん多発村になっている。いったい、中国にはがん多発村がどれほどあるのか、まだ誰も正確な調査をしたことがない。

2009年6月、山東省東明県で数万人に甲状腺がんの発症が疑われ、シクロヘキサノンを製造している洪業化学工場の影響だといって1400人あまりが連署して当局に陳情書を提出した。これは「署名一揆」だとか「東明蜂起」といわれたが、当局はがんの発症は当該の化学工場とは無関係であるとし、また、がん患者もそれほど多くないと述べた。

湖南省瀏陽市にある湘和化学工業は、違法にインジウムやカドミウムを製造していたが、周辺の樹木は枯れ、農作物は実らず、雙橋村の村民3000人のうち500人あまりの体内から基準値を超えるカドミウムが検出された。その多くがカドミウム中毒で死亡した。

湖南省環境保護局は、湘江流域で排出されている水銀・カドミウム・鉛・ヒ素の量は、全国の排出量のそれぞれ54・5パーセント、37パーセント、60パーセント、14・1パーセントとなっていることを明らかにしている。湖南省株州市のカドミウム汚染は特に悲惨な状況であり、市の半分以上の面積が全国で最も深刻なカドミウム汚染区域となっている。

陝西省鳳翔県のある製錬工場は、現地の児童６００人あまりの血液中から基準値を超える鉛が検出されるという事態を引き起こした。２００９年の８月15日現在で、すでに１５４人の児童が鉛による中毒で入院し、治療を受けている。

陝西省華県華州鎮吝家村では、１年近くの間集団下痢が発生したが、それは井戸水の汚染によるものだった。

山東省臨沂県のある化学工場は、ヒ素を含む廃水を多量に排出し、それが江蘇省邳県との境にまで流入しているが、そのため下流の多くの河川が黒く染まり、吐き気を催すような悪臭を放ち、魚は死に、農作物は腐敗している。

河南省開封杞県では、コバルト60の放射能漏れが起こり、県全体にパニックを引き起こした。

国家環境保護部副部長・潘嶽は、中国の汚染による損失は少なくとも30年の経済発展の総和に匹敵すると率直に語っている。これは良心的な環境保護部の役人の心の底からでたことばであり、急所をついたことばでもある。

共産党は政治倫理を打ち立てよ——党元老・萬里の談話録

萬里は、中華人民共和国の元老と呼ばれる政治家である。1916年、山西省に生まれ、1936年に中国共産党入党。党・政府の要職を歴任、文革期に失脚するが、その後は副総理、中央政治局委員中央書記処第1書記などを務めた。

中華人民共和国建国60周年を記念して2009年にまとめられた萬里の談話録『執政党は基本となる政治倫理を打ち立てよ』は、真理に満ちた内容であり、発表されると大きな反響を呼んだ。

この談話録に記されているのは、党を挙げて自らを振り返れという党に対する厳しい要求であり、通読して考えさせられることが多かった。

以下に、この「談話録」から、共産党の本質や品格、政治行為について触れている部分をまとめてみたい。

（1）共産党の違法性——この党は「社会団体管理部門への登録が澄んでおらず」、その執政の地位も民主的選挙によって決定されたものではなく、よって合法性に欠けている。

（2）共産党の違憲性——共産党は、法律はあってもそれによらず、人治が法治に取って代わっており、とりわけ重大なことは憲法に違背して人民の各種権利を剥奪し、国の「緊張を高め」て警察国家にしてしまい、民間の世論や反体制の人士を「封殺する挙に出」て、むやみに重刑を科し、憲法を有名無実のものにしている。

(3) 共産党の反逆性――この「反逆性」とは、共産党が人を打倒する時に使うことばを借りて表現するとすれば、「反動性」に他ならない。その反逆性とは、第1に時代の潮流や普遍的価値への反逆であり、第2に、民主を要求する民意への反逆であって、その現われが真の選挙や選挙制度に対する拒絶である。党内でさえ「立候補者が当選を争う真の意味での選挙制度ができていないのだから、国家規模の選挙となればなおさらである」。人民代表大会には選挙らしい選挙があるように見えるが、「党の組織が陰で糸を引いて」おり、「ひとつの政党が選挙という仕組みを掌握し、コントロールしている」。これは政治の倫理に違背することである。もしこれが民主、あるいは中国式の民主であるというなら、それは偽民主であり、人を欺く民主である。一般庶民は「国の政治に対して、独自の見方を表明することも、また実際の政治プロセスに参加することも、そしてまた執政党を監督することもかなわない」が、この3つのことが叶わない状態は民主とはそぐわないものなのである。

共産党元老・萬里

(4) 共産党の野蛮性――国家から政権、国庫や軍隊、中南海まで、すべて占領している。このような共産党には、「現代的な意味における政党制度が存在しておらず」、これでは中国が「『国家なのかそれとも党の国家なのか』わからない」「党の財産と国の財産の間の垣根がまだ出来上がっていない」「党と軍隊が一体となっている」。これらは並はずれて野蛮な気質、この上なく横暴な気質の表われである。

（5）共産党の不誠実性――共産党は誠意というものに欠けており、節操や定見がなく、態度に一貫したものが見られない。その顕著な例は、1930年代、40年代に「民主・自由の国を建設することを全人民に誓」ったが、50年代、60年代になるとそのことを口にしないか、口調を変えるか、あるいは言うこととすることが裏腹になった。これこそが誠意がないということであり、これがまさに政治倫理にもとるということである。

（6）共産党の狡猾性――「共産党による執政の合法性の最大の理由」は、「数千万人の血であがなって」「革命国家を造り上げた」と自分で言いふらしていることだが、それは一方的な事実であり、事実の一面にしかすぎない。事実にはもう一方の面があり、そちらの方が重要である。それは、「亡くなった革命烈士」は、新中国は民主国家であるという共産党の偽りの言動の中で党に従ったということである。結局、民主は実現せず、彼らの犠牲は全くの無駄になったばかりか、共産党による執政の合法性の根拠として利用されている。何という嘘偽り、何という狡猾さであろうか！　それだけではない、「共産党がなかったら、この国は乱れに乱れていただろう。……安定を待望する彼らの思いが、我が党が再び単独で政権を担ってゆく『民意』となった」とも共産党は言っている。これもまた、何という嘘偽り、何という狡猾さであろうか！

（７）共産党の傲慢性――共産党の傲慢ぶりは狂気じみている。特殊な材料で出来上がったスーパー集団を気取り、自分たちは世界で一番の人間であるとか、自分たちは偉大、栄光、正確であるとか、自分たちはいかなる者より先進的であって、先進的生産力、先進的文化、中国の広範な人民の根本的利益という３つのものを代表しているなどといい、こういう自画自賛をもその執政の合法性の口実にしている。これほど先進的である以上、他人の頭上にあぐらをかく資格があるだけでなく過ちを犯すこともないので、改める必要はさらさらない、と思っている。間違いをしでかしたら、「進み出て責任をとる、これが最低の倫理」であるのに、「やはり自慢するのが習慣になっていて、いましていることはすべて正しいと言うだけでなく、どうして過去に正しくないことをしでかしたのか、そのことについては一言たりとも説明していない」。

（８）共産党の偽計性――現在、中国のいたるところにニセモノがあふれているが、中国におけるこのごまかしは、共産党がマイナス面を隠蔽し、プラス面をでっち上げたり誇張したりする嘘偽りの政治行為を嚆矢とする。共産党が一手に造り上げた「憲法」にさえ、美辞麗句に満ちたごまかしの条文が並んでおり、人民代表大会や民主派のニセ民主主義となると言うにおよばずである。共産党はいまだにマルクス主義の旗印を捨てていないが、それこそがごまかしの最たるものである。「政治宣伝は事実とかけ離れている。これをなんと呼ぶべきか。それはまさに文明の光に浴していないということであり、野蛮な宣伝ということに他ならない」。

（9）共産党の残虐性――共産党史上、自国民を殺害（党内人士の殺害を含む）した事件は枚挙にいとまがない。反右派闘争、大躍進、文革、第2次天安門事件というこの4つの事件に限ってみても、これにより直接的、間接的に殺された人は8000万人を超える。しかもこの数字には、スターリンの命令に従い（いわゆる義勇軍となって）朝鮮の戦場に送られ死亡した数十万人の命は含まれていない。今日もなお、党を愛していないから反体制だということにされ、中国を愛し中国人を愛している実に多くの人士が、自由や生存の権利を剥奪されている。

（10）共産党の抜きがたい悪しき常習性――共産党の権力は、それが絶対権力であるゆえに、時とともに腐敗の度を加えている。この60年来、一党独裁が揺らぐことはなかった。これが共産党の悪しき常習性の一種である。この悪しき常習性は克服しなければならないが、政治倫理についても、「制度を設けて、そういう倫理を着実なものにしなければならない」。もうひとつの悪しき常習性は、レーニンやスターリンの一党独裁理論がこの60年間根強く残っていることであり、「スターリン主義のやり方がまだ災いしている」ことである。毛沢東から鄧小平、江沢民、胡錦濤にいたるまで抜きがたい悪しき常習性が代々受け継がれ、腐敗というがんが全党にはびこって、収拾がつかないものになっている。

萬里が声高に叫ぶ「国を挙げて党を挙げて自らを振り返れ」という呼びかけは、いま一番大切にされるべき重大事であり、共産党が自らの来し方を振り返り、独裁体制を放棄して、「政治の民主化を推進する」ことが待ち望まれている。もし共産党がそれを拒み、自己革命を拒否し、その醜悪な属性を一掃することを拒絶し、かえって悪質な資本主義と一党独裁という邪悪な道を歩み続けるならば、それは愚の骨頂というものである。

数々のイメージアップ・プロジェクトを吹聴しているようだが、所詮は張り子の虎であり、世間の嘲笑を招くのが落ちである。

古参将軍が涙で訴えた軍隊の変質

古参将軍たちの調査報告

2005年8月1日の人民解放軍建軍記念日の直前、中国共産党中央と中央軍事委員会は、軍に関する会議を相次いで3度招集した。

最初は古参将軍の意見を聴取する3軍建設調査研究報告会義。2度目は中央政治局と中央軍事委員会の連合会議。そして3度目は中央軍事委員会の拡大会議だった。連合会議および中央軍事委員会拡大会議の議題は、軍隊の軍事建設と発展工作の総括だった。

古参将軍たちの意見を聴取する調査研究報告会義は、遲浩田、張萬年、曹剛川の3人の元中央軍事委員会副主席が3つの研究チームを率いて海軍、空軍、第2砲兵（戦略ミサイル部隊）および軍事院校に対して行なった実地調査の研究報告会義である。

そのさい、これらの報告とは別に、傅全有（元総参謀部長）、于永波（元総政治部主任）、王克（元総後勤部長）、王瑞林（元総政治部副主任）の4人が4つの研究チームを率いて南京軍区、広州軍区、成都軍区、蘭州軍区およびそれらの軍区に属する軍団に対して行なった実地調査の研究報告も行なわれた。

以上の多くの調査研究報告において一様に発せられたのは、人民の軍隊を救うようにという共産党中央、国務院、中央軍事委員会に対する要求であり、また軍隊や軍事関連部門がすでに変質し、間違った方向に歩き出しているという指摘だった。

遲浩田、張萬年、曹剛川の調査研究報告では、個人が歴史的責任と政治的責任を負うべきことを認めている。軍隊も軍事システムも新しい時代に入り、政治思想の建設、組織の建設、使命の意識のいずれの点においても空白が生じており、このような状態の軍隊では局地的なハイテク戦争にも大規模な近代的戦争にも打ち勝つことは難しく、侵略や核戦争に反撃することも困難である、と指摘している。

また、傅全有、于永波、王克、王瑞林は、その調査研究報告の中で、陸・海・空の3軍が直面している危機は致命的なものであり、3軍にわだかまっている危険因子は堕落や腐敗をもたらしている、と指摘している。そして、比較的平和な時代においては、軍隊の使命感、責任感、時代意識、名誉心は失われるものであり、これが目下のところ、一番致命的で重大な痛手である、とも言っている。

傳全有、王克らの調査研究報告では、直接に江沢民の名前を挙げて、江沢民が中央軍事委員会主席だった時期に行なわれていた嘘、ホラ、戯言や、社会や党政部門にはびこっていた腐敗がそのまま陸・海・空の3軍に入り込み、その上層部を占拠してしまった、と指摘している。調査研究報告会義の席上、かつて解放戦争に参加した遲浩田、張萬年ら古参将軍たちは、自ら調査研究報告に当たった軍隊の現状に直面した際のことを、涙を流しながら悲痛な様子で語った。

軍隊はすでに変質し、しかもその変質ぶりは、はなはだしいという。かつての軍隊の良き伝統、良き気風は、とっくに昔話となっている。元総政治部主任の于永波は、軍隊の腐敗問題を些細なことであるとか、社会・経済革命における不健全な動向の影響を受けたものであるから避けがたいとしてきたのは大きな誤りで、それが今日の軍隊の腐敗や意気消沈という局面を招いた、と指摘している。

軍内部で発生した重大刑事事件

２００８年以来、軍隊や軍事国防関連部門における刑事犯罪事件は、すでに２７７４件も発生しており、その犯罪に関与した士官や軍人は２５００人あまりにも上っている。

これまでに公表された重大な刑事事件としては、以下のようなものがある。

（１）山西省軍区が違法に９ヵ所の炭鉱を経営して、年間４００万トンあまりの石炭を産出すること17年におよび、4億元から5億2000万元の純益を上げていたが、すべて同省軍区および北京軍区の「個人」によって処理されていた事件。
(2) 広州軍区が違法にホテル・デパート・娯楽施設などを経営して17億元近い年収を上げ、そのうち2億元だけを上納して残りの15億元を使い込んでいた事件。
(3) 蘭州軍区の後方勤務部と装備部が、廃棄処分された戦車380両を違法に売却し、その金を士官の「福利」に当てたり、階級に応じて「分配」していた事件。
(4) 江蘇省軍区の内部でいざこざが起きたさい、あろうことか、当事者同士が兵器を使用して、22人が死傷した特大事件。

粛清された137人の将校

党の軍隊統治への不安

2009年の11月中旬から翌年の1月初めまで、中国共産党の中央軍事委員会は大規模な軍の整理を行ない、全軍の大改組が実施され、軍団級と師団級の将校137人が粛清された。これは軍将校の政治的忠誠度に対する大審査であり、軍を押さえつけて掌握するということである。

合わせて24個軍団のうち19個軍団の指導グループが粛清・改組されたが、その粛清の規模は、毛沢東の統治が終わった後の１９７９年5月から9月末まで行なわれた軍団・軍区の大粛清を上回っている。そのとき粛清されたのは、毛沢東や4人組に追随していた軍上層部の人間で、軍団級および師団級の将校１２２人であり、それは政治路線や政治権力の再編ということだった。

それに対して、今回行なわれた軍隊の大規模な整理は、腐敗・堕落・変質した軍隊の陣容を立て直すためのものであり、また新世代の党の指導者である習近平らが問題や混乱のないまま権力の掌握が出来るようにするためのものである。

２００９年12月29日、胡錦濤は軍事委員会の拡大会議の席上、軍隊の現状についてつぎのような緊急アピールを行なった。

「強大な軍隊も、全力で綱紀粛正をし、徹底した建設を行ない、厳重かつ高いレベルの統治をし、その時々に果断に調整・改組をしなければ、その結果は想像しただけでも耐えられなくなるような国家および人民の大災難が生じることになる」

同じ日、胡錦濤の裁可を受けて、中央軍事委員会は「軍隊の党組織による党内監督実施規定」を下達した。

この規定は、「軍隊に対する党の絶対的指導を確保することが党内監督の根本的な目的であり、党内監督工作に規範を与え、党内監督工作を実施する指導的思想・原則・職責・制度などの面は、軍隊に対する党の絶対指導の根本的な原則と制度が貫かれ、またそれが体現されている」と強調している。

また胡錦濤は、中央軍事委員会と総政治部が行なっている、軍団および師団の2つの級の高級将校に対する政治学習班で演説をし、「いろいろな問題が山積しているが、いかなる時期、いかなる状況にあっても、軍隊に対する党の絶対的指導を妨害したり動揺させたりすることは、容認できない。これは軍隊の生命線である」と述べた。

さらに胡錦濤は、「現在、軍隊には突出している厳な以下の4大問題がある」と指摘した。
(1)派閥活動や縄張り主義が、軍隊に対する党の指導および工作の展開に深刻な影響を与え、これを妨害している。
(2)指導グループに怠け癖、気の緩み、活気のなさ、勝手な振る舞いなどの状況が出現し、これが軍隊の専業建設や戦備工作に影響をおよぼしている。
(3)軍隊の幹部隊列が腐敗・堕落し、規律違反や法律違反の状況が悪化しており、それが軍隊の団結や級の上下に影響している。
(4)軍隊の政治思想建設を、特に軍隊幹部・高級幹部の職責や時代に対する使命感が薄れていることに照準を合わせて行なう必要があり、このまま思い切った処置をしなければ、早晩大事にいたることになる。

アメと鞭

今回行なわれた軍の大粛清では、党の規律や軍令による縛りをかける一方で、それと同時に特別報酬を支給するという「アメと鞭」による方法がとられたが、厳しい措置を施した結果起きるであろう波風を、最低限に抑えることに意が払われたようだ。

粛清をする過程では、特別に前中央軍事委員会副主席の遲浩田や張萬年、それに前中央軍事委員会委員の傅全有や王克らに諮り、郭伯雄、徐才厚、梁光烈らに手を貸し、手分けして軍団に赴いて目を光らせ、軍事委員会の工作組による問題解決に協力してくれるように要請した。

軍団の整理、改組、粛清工作は、２０１０年の1月までに終了し、各司令官や軍政治委員会の主要指導者を含む19個軍団の指導グループの陣容の入れ替えが行なわれた。第1、第13、第14、第16、第20、第23、第24、第26、第28、第30、第40、第41、第42、第47、第54、第63、第64、第65、第67軍団の、合わせて１３７人の軍団級および師団級の将校が粛清されたが、表向きは、自ら転職や退役を願い出て軍隊を去るという形をとった。

粛清された１３７人の高級軍人の中には、階級が少将だった副軍団級や軍団級の軍人33人と、階級が上級大佐だった正師団級の軍人56人が含まれていたという。

第15空挺師団（武漢駐屯）、第22空挺師団の指導グループも粛清・改組されたようだ。

粛清され、「自ら願い出て」軍隊を去った高級軍人が受け取った退職金・転職支援金は、６００万元、５００万元、４００万元、３５０万元という4つのランクに別れていた。これは、規定の年齢に達したことによる正常な退役や転職の場合の金額とくらべると、身の振り方をつけるための措置として20パーセントから30パーセント上乗せされている。しかし、その金を受け取るためには、中央軍事委員会制定による以下の6項目に同意するという署名を行なう必要がある。

(1)(粛清されるものに対しては)特殊な退役・転職の規定による処理がなされる。

(2)原籍の都市または配偶者の原籍の都市に帰って身の振り方を付け、定住することを許可する。

(3)(粛清される理由となった)組織・規律・経済に関する問題は、これを(当人に)はっきり説明できることにするが、審査の上、許可が下りれば、党の規律、行政上の規律、軍の規律に基づく追及は一律にこれを行なわない。ただし、同じ過ちを犯すことは許されない。

(4)退役・転職したあとも、直系の子女を含め、従前通りの医療上の待遇を享受する権利を有する。

(5)原則的には、軍隊におけるような政治的大権は享受することができない。

(6)原則的には、10年以内には海外に出て活動すべきではない。

厳しい粛清と高額の給与待遇というアメと鞭の対策をとることで、果たして軍の堕落や変質を防止することができ、また軍に対する党の絶対的指導力や軍人の戦闘力を保証することができるのだろうか。

中国の軍事・国防費の闇

１兆元を超える巨額の借金問題

２０１１年５月19日、国務院常務委員会議でひとつの議案が可決された。それは、多年にわたる軍事・国防費の借金が１兆元以上にもふくらんでいる問題を、いまの政府の任期内にきちんと解決・処理すべきであるということを、国務院の名において中央政治局と中央軍事委員会に対し提議する権限を温家宝総理に委託するというものだった。

温家宝がこの問題を討論・解決するものとして国務院常務会議に提出したのは２００３年に総理に就任してからこれが３度目であり、また、国務院が軍事・国防費の借金問題を討論・解決すべしとして提議したのは２０００年以来５度目である。

２０００年８月の初め、時の総理・朱熔基は、年来の軍事費の借金を一切帳消しにし、特殊項目の支出としてあつかうという議題を提出した。２００２年11月、朱熔基は総理の職を温家宝に引き継ぐ準備をしていた時、再び国務院常務会議において、それまで借り入れが続いていた軍事費の問題を、総理・副総理・国務委員が署名する共同責任というかたちで一挙に解決するという議案を提出した。

しかし、署名に応じたのは李嵐清だけで、呉邦国、温家宝、銭基琛を含む他の副総理たちは、いずれもその議案に反対したのだった。その理由のひとつは、軍事費の借金問題は、中央政治局常務委員会の審査、および中央軍事委員会からの借り入れ申請を受け、これを総理が認可するというものであり、国務会義における討論を必要としない上層部の「機密」だからである。

今回、温家宝は素早い変わり身を見せ、「議案」という形式で政治局および中央軍事委員会に圧力をかけた。かくして温家宝もまた、その任期満了後には、個人としての歴史的責任を軽減することができるというわけである。

議案の内容は、主としてつぎの3点である。

（1）軍事・国防費が長期的に借金という形式でたびたび追加され、歯止めがきかないものになっていることは、国民経済予算や国民経済計画の完備には深刻な障害となりかねない。

（2）軍事・国防費が長期的にふくらんで、1兆元を超える巨額の借金をしていることは、中央財政の赤字や割り振りなどに悪循環をもたらしかねない。

（3）軍事・国防費の借金が累積している問題が処理・解決されないままになっていることは、法律による行政の貫徹や、政府の予算・支出・会計検査・財政等の制度の完備を実行不可能なものにさせかねない。

温家宝は国務院常務会議や国務会義で、何度もつぎのような本心からのことばを述べているという。

「よくあることだが、われわれは問題を処理・解決する時、往々にして個人的見解に基づいて判断をする。手を伸ばせば欲しくなり、欲しくなれば手に入れる。すると、法律の条令・規定・規則を忘れてしまう。誰に対しても責任を負わないし、汚職をするという意識も、過失を犯すという意識もない。これは難病であり、不治の病である」

温家宝総理のこのことばは、軍事委員会主席である胡錦濤に向けられたものであることは明らかである。

温家宝が、軍事・国防費の借金が累積している問題をいまの任期内に解決することを求めているということ、また、朱熔基前総理もかつて同じ問題の解決法を提出したことがあるということは、中国の軍事・国防費の支出が、一貫して「未知数」であるということを物語っている。しかも、その借金の累積額となると、いよいよ積年の大問題となっていることがわかるのである。

温家宝総理

いったいどれほどの金が使われたのか——軍事・国防費はとっくの昔にでたらめな帳簿によるどんぶり勘定になってしまっており、しかも、かなりの部分が高官たちの懐に入っていて、うやむやになっているのである。

年々ふくらむ支出額の謎

消息筋によると、軍事・国防費の借金の額は、2001年から2010年までの10年間で、合わせて1兆8330億元あまりとなっており、これは当局が公開している支出額より60パーセントも多い金額である。

左表に示したのは、2001年から2010年までの軍事・国防費の支出額と借金の概況である。

2011年の軍事・国防予算は6280億元である。ところが予算決定の直後から、中央軍事委員会はすでに多くの予算の増額を要求していたという。陸・海・空軍の演習はグレードアップされ、各軍各兵種の技術特定項目考査は、これまで年2回だったのが4回行なわれることになり、特別兵種として2個師団の拡充がなされ、現役の連隊1級以上の将校の給与や待遇を調整し、また奨励金の増設や増額もしなければならない、というのが増額要求の理由である。

中国の軍事・国防費の支出額が、実際にはどのくらいなのか。また、軍人の給与・装備・科学研究・訓練・演習など、それぞれの経費にいくら支出されているのか。これらはいずれも、中国では「極秘」事項なのである。中国の軍事・国防費の本当の支出額については、推測が難しいものとして、軍事関係研究者はじめ世界中の人々が首を傾げている。

中国が公表している軍事・国防費には、軍傘下の民間経済活動は含まれておらず、国家規模の軍事・国防科学研究プロジェクトや新型兵器研究開発に関する経費も含まれていない。また

軍事・国防費の支出額の推移

	支出額	増加幅	特別支出額(借金)
2001年	1442億　400万元	19.4%	1054億元
2002年	1707億7800万元	18.4%	865億元
2003年	1907億8700万元	11.7%	1109億元
2004年	2172億7100万元	13.9%	1251億元
2005年	2474億2800万元	13.9%	1705億元
2006年	2979億3100万元	20.4%	2265億元
2007年	3553億8600万元	19.2%	2118億元
2008年	4182億　400万元	17.7%	3048億元
2009年	4949億9900万元	18.4%	2153億元
2010年	5457億3500万元	7.6%	2744億元

毎年、地方政府が当該地区駐屯部隊に福利補助金として支給している特別割当金も含まれておらず、さらには部隊駐屯地区がそれぞれの経済条件に応じて部隊に支給している割当金や慰問金なども含まれていない。

たとえば、軍傘下の民間経済活動を見ると、２００９年の収入は５５０億元近くもあり、２０１０年の収入は６１０億元だった。また、２００９年に江蘇省・浙江省・上海市の2省1市の地方政府は50億２０００万元あまりの慰問金や特別割当金を南京軍区に支給し、同じ年に広東省・湖南省・湖北省の3省の地方政府は、42億１０００万元あまりの慰問金を広州軍区に支給しているが、これらの経費は全て軍事・国防費には計上されていない。

そのほか、中央軍事委員会の傘下には、成都航空機公司・西安航空機公司・瀋陽航空機公司・ハルビン航空機公司という4大航空機製造企業があり、いずれも各種の軍用機を製造するとともに、民間航空の旅客機や貨物機も製造しており、中国の航空機工業を独占している。そして生産した軍用機や民間機の輸出もすれば、ボーイング社やエアバス社の飛行機の尾部や翼の製造も請け負っているのである。

しかし、この4大航空機製造企業が毎年、各種の名目で国に対して要求している巨額の研究開発費は、軍事・国防費に計上されることはない。

このことからも、中国の軍事・国防費の実態はかぎりなく深い闇に包まれているのがわかるのである。

第4章　足下から揺らぐ共産党と解放軍

深刻な兵士不足と金を使った新兵リクルート

苦心の募兵計画

人民解放軍による２０１１年冬の募兵活動は、11月の初めからチベット自治区を除く全国30の省（区）、直轄市、３１２の市級地区で展開された。

２００１年から２０１０年までの10年間の募兵工作は、いずれの年も目標を達成することが出来ずに終わり、各軍・各兵種のすべてにおいて、兵士の供給が逼迫するという現象が出現している。そのため、この冬の募兵工作は、是非ともやり遂げなければならない任務、絶対に到達すべき目標となった。

党中央や国務院は、この冬の募兵工作を各地の党委員会の重要な政治任務として、業務態度・政治実績を審査する上での指標にふくめるよう要求する通知文書を、省・地2級の党委員会や政府に下達した。

その文書の中では、募兵は政治戦略上の任務であり、募兵工作および各兵種の人員の供給源不足に関し、これまで多年にわたって守勢に立たされていた局面を全力を挙げて転換・克服しなければならない、と強調されている。

さらには、関係部門は宣伝・動員・教育などの方面で事前工作をしっかり行なうこと、関係する規定・準則に照らして、政治審査・身体検査・学歴調査・それらの検査内容の照合という4項目を厳格に行なうこと、中高級の党政機関・国家機関の幹部は、自分の子女や親族に対して積極的に入隊を呼びかけ、その入隊を指示するという模範的リーダーの役割を果たすこと、募兵計画を成し遂げて参軍報国・祖国防衛・愛国のブームを巻き起こすこと、などが求められている。

そんなわけで、各地の党部門は必死になって入隊を勧誘しているのである。

兵員不足の実態

前述の通り、2001年から2010年の10年間の募兵計画は、いずれの年も目標を達成することが出来ずに終わっている。

中央軍事委員会が２０００年７月に制定した人民解放軍の各軍兵種・各軍兵員の現役編制によれば、その総数は２６２万人から２７０万人となっている。

ところが、ここ10年の実際の現役人員は２３２万人から２４５万人しかおらず、毎年25万人以上が不足している。

２００３年から２０１１年まで、毎年夏と冬の２回行なわれた募兵総数は、52万５０００人から55万８０００人（各軍事大学や軍事科学研究組織の人数は含まず）となっている。以下は、各軍兵種の毎年の徴募兵編制人員数である。

陸軍――35万８０００人から37万２０００人
海軍――10万３０００人から10万９０００人
空軍――４万６０００人から５万人
戦略ミサイル部隊――１万１０００人から１万６０００人
特殊兵種７０００人から１万１０００人

また、２００１年から２０１０年にかけての募兵予定人員と実際の合格者数は、以下のようになっている。

	募兵予定人員	合格者数
2001年	62万3000人	52万4000人
2002年	60万5000人	51万3000人
2003年	52万5000人	40万7000人
2004年	55万4000人	41万9000人
2005年	52万8000人	46万6000人
2006年	54万2000人	42万1000人
2007年	54万4000人	39万2000人
2008年	55万8000人	42万3000人
2009年	53万2000人	41万4000人
2010年	53万1000人	38万9000人

幹部の子女の入隊状況

兵士不足の状況下、人民の模範となるべき党政機関・国家機関の中高級幹部の子女は、実際にはどの程度軍に入隊しているのであろうか。

1970年代から80年代初めにかけては、当該幹部の子女の86パーセントが入隊していた（当時行なわれていた「都市の知識青年は農山村の現場へ行って定住すること」から逃れるため）。

人民解放軍女性新兵の入営。まずは髪をショートカットにされることから始まる

１９８０年代から90年代初めにかけては、その割合が12・5パーセントにまで激減している。１９９０年代中期から末期にかけては、それがさらに7・2パーセントにまで減少している。今世紀に入ってから２０１０年までは、1・4パーセントとなっている（軍事大学や国防科学研究所に入った者は含まず）。

以上のことからも、共産党の中高級幹部の子女たち（「太子党」と呼ばれる）が、活動の場を変えてきている軌跡を見て取ることができる。現在彼らは、父親世代の庇護の元に、政界や金融界で大いにあぶく銭を儲けているのである。

中央軍事委員会副主席の郭伯雄大将（上将）は、先頃行なった各軍区・各兵種に対する視察の折、軍隊の中高級士官に対し、自分たちの子女が人民の軍隊に加わって、父親世代の祖国防衛の伝統を継承することを支援するよう呼びかけた。

募兵工作が難しく、10年続けて目標に達することができなかった理由はいろいろ考えられる。金銭や名利が第一とされている今日にあって、軍隊に入って兵隊になるのは何といっても苦しいことであり、束縛を受けることであり、命を失う危険もある。それに、どの家も一人っ子の家庭である。

高官が自分たちの子女を兵士にしたくないというのであれば、プロレタリア大衆や一般庶民も自分の子供の青春時代を犠牲にさせたくないと思うのは当然のことである。

また、だいぶ以前から退役軍人の再就職先を確保するための政府の体制が効力を失っており、退役軍人たちが抗議の声を上げるという事態が次々と起こっている。退役したとたんに失業するというのでは、誰が兵隊になりたいなどと思うだろうか。

高額な奨励金と「約束手形」で入隊を勧誘

２０１１年冬の募兵工作では、各地の党政部門は次々に高額の奨励金や退職後の就職斡旋などといった好条件を打ち出して入隊を勧誘している。特に大学卒業生が入隊する場合には、５万元（約65万円）から15万元という高額な奨励金を与えるほかに、次のような「約束手形」まで振り出している。

それは、軍隊での服務期間に三等の功績をたてれば退役後に20万元の報奨金が与えられ、二等の功績をたてれば40万元の報奨金が与えられるとともに、優先的に党政機関・国家機関に就職できるようにするという条件の提示である。

さらに江蘇省や浙江省では、退役後には住居・仕事が与えられ、結婚相手を紹介してもらえる上に、特別有利な報奨金が支給されるという条件を打ち出している。

このように各地の政府は、募兵をさながら「取引」のように見なしていろいろな「小切手」や「約束手形」を振り出し、役人たちは自らの業績と官位を確保しようとやっきになっているのである。

軍隊事情に詳しいある人は、「14億の人口を抱えている国が、毎年50万人ほどの新兵すら集められないというのは何ともおかしいではないか。共産党政権の『堅固な柱石』（人民解放軍のこと）は、どうなってしまったのだろうか」と嘆いている。

あいつぐ軍と警察による流血の衝突事件

中央を驚愕させた３件の衝突事件

２０１１年10月２日と10日と15日、それぞれ寧夏回族自治区・山西省・広西チワン族自治区で３件の軍と警察の衝突事件が発生し、共産党中央上層部を驚愕させた。

10月20日には、国務院公安部および中央軍事委員会の総参謀部・総政治部・規律検査委員会から同時に緊急告知文書が下達され、軍と警察によるあいつぐ衝突事件がもたらす悪影響を周知させるとともに、徹底的な調査を行ない規律を粛正せよという厳命が下された。

中央軍事委員会の総参謀部・総政治部・規律検査委員会は、各地の駐屯軍が地方の武装警察などと利益の争奪をめぐって起こす衝突事件の蔓延を防止するため、軍規点検隊を各軍分区や集団軍に派遣した。

軍と武装警察が規律を乱しているようでは、共産党の政権維持は難しい。以下は、その3件の流血事件の概要である。

京蔵高速道路での衝突事件

10月2日午前、京蔵高速道路（完成すれば北京とチベット自治区のラサを結ぶ。現在その一部が開通）の寧夏回族自治区内にある料金所で、警察と武装警察が検問を実施していた。

そこに寧夏軍区所属の軍用車両28台がやってきた。検問所を通過する際、軍側は「重大な任務を遂行するため現地に急行するところだ」と言い張って、警察による点検を受けることを拒否した。

しかし、警察と武装警察は通行の許可を出さなかった。軍用車両がフルスピードで検問所を突破しようとしたので、武装警察は警告のため空に向かって発砲した。すると、後方の軍用車両に乗っていた兵士たちが警察官や武装警察官を取り囲んで両者はにらみ合い、ついには衝突する事態となった。

衝突のピーク時には、400人の警察官と武装警察官が支援のため緊急動員され、兵士によ

武装警察部隊の訓練。その装備は軍隊そのものだが、ときに正規軍と衝突することも

る包囲を突破した。しかし、軍側も１２００人近くの士官や兵士、さらに３個大隊の兵力を投入し、その結果、警察官や武装警察官12人が重傷を負い、軍側も３人が負傷して、結局京蔵高速道路は３時間近くも全面的に通行止めとなった。

ダンスホールで起きた衝突事件

10月10日夜、山西省陽泉軍分区招待所のダンスホールは現地の警察と武装警察が借り切り、手付け金として使用料の半額がすでに支払われていた。しかし、ダンスホールにやってきた３００人近い警察官と武装警察官に告げられたのは、「軍の重要な接待の任務があり、今夜はダンスホールを一切外部には開放しない。受け取った手付け金は全額返納する」という知らせだった。

警察と武装警察は、「ただでは帰れない。どうしても帰れと言うのなら、条件が３つある。①分区の司令官が直接ここに来て、こういう事態になった理由を説明し、謝罪すること。②補償金として、ダンスホール使用料の5倍を現金で払うこと。③1回無料でダンスホールを貸し切り使用させること」を主張した。

その夜8時、陽泉軍分区後方勤務処副処長の倪某がやってきて、ダンスホールにいた警察官と武装警察官に対し、「10分以内に立ち去れ。騒ぎを起こすことは許さない。10分以内に立ち去らなければ、直ちに実力を行使する」という命令を下した。さらに倪某は、「条件が3つあるだと。よろしい！　その条件を受け入れて欲しければ、警察署長と武装警察隊長を直接、軍区によこすことだな」と言った。

それから10分がたち、猶予期限がさらに3分延長されたが、それでも警察官や武装警察官はその場を離れなかったので、倪某とともに来ていた軍人100人が、ついに実力行使に打って出た。

その衝突のさなか、軍人が空に向かって発砲、警察と武装警察側も酒瓶や折り畳み椅子を武器にして反撃し、激しい乱闘が展開された。この衝突事件で、接待係の女性8人を含む70人近くが負傷した。

なんでも、その夜はもともと軍分区の点検工作にやってくる山西省軍区の指導者が「リラックス」するための準備が行なわれるはずだったというが、結果的にその準備が出来なかったばかりか、軍と警察による流血事件まで発生し、通報を受けた北京軍区が事件を処理する事態になった。

広西玉林で起きた大規模な衝突事件

10月15日夜、広西チワン族自治区玉林市の駐屯軍に所属する曹という名前の将校が、異性との快楽を楽しんだ後、酒に酔って付近の派出所のトイレを借りようとしたが見つからず、あたり構わず用を足してしまった。

これが発端となって、軍人と警察官の間で口論が起き、警察官数十人が軍人数人を暴行したため、救出のため軍から派遣された車両や戦車が派出所を包囲した。それに対し、当直の警察官は現地の警察署に、「銃を持ったニセの解放軍兵士に派出所が占拠された。状況は逼迫している。緊急に警察官や武装警察官を派遣して救助してもらいたい」と偽りの通報をした。

こうして軍と警察が激突する事態が発生したが、これは中央軍事委員会の総参謀部や総政治部に報告されたもののなかでも、この十数年来まれに見るような大規模な衝突事件となった。

その日の夜11時、衝突はピークに達し、現場に駆けつけた警察官と武装警察官の数は７００人に上り、警察車両や武装警察の軽装甲車も50台あまりが出動した。いっぽう、軍側は近くの陸川・北流・貴港などの軍分区から２０００人近い完全武装の精鋭兵士を増援、ついには双方から銃声が轟く事態になった。この騒ぎは、深夜2時になってやっと終息した。

玉林市の党委員会書記、同市の警察署長、駐屯軍の師団長、同軍の政治委員もみな現場に駆けつけて仲裁に入った。また、広西チワン族自治区の党委員会副書記と同区軍区司令官はヘリコプターで現場にやってきて、衝突後の状況を視察した。

広西チワン族自治区政府が10月18日に出した布告によると、この衝突により警察官と軍人の合わせて22人が負傷し、そのうち流れ弾を被弾した7人は重傷であるという。


警察・軍の規律粛正に関する緊急通達と軍規点検隊の派遣

10月20日、公安部は「警察関連部門や警察隊列組織の規律・法制意識・自己素質を厳重に粛正することに関する若干の意見」と題する緊急通知を下達し、続発する警察と駐屯部隊による衝突事件がもたらす甚大な悪影響について周知させた。

同日、中央軍事委員会の総参謀部・総政治部・規律検査委員会は「軍隊の組織的な規律粛正の強化に関する若干の意見」という緊急文書を、地方の軍分区や集団軍などの軍事組織に下達した。その文書の中で、特に強化や粛正が必要であるとしているのは、つぎの5つである。
(1) 軍隊の組織的な規律や公共社会の秩序の点検や粛正。
(2) 各級の将校や幹部の自己建設の点検や粛正。
(3) 党の規律、軍の規律、行政の規律による制約の点検や粛正。
(4) 社会における活動期間や私的行為の制約の点検や粛正。
(5) 政治思想の建設と生活態度・道徳の建設の点検や粛正、ならびに審査の実施。

同じ10月20日、中央軍事委員会の総参謀部・総政治部・規律検査委員会は、軍規点検隊50隊を各軍分区や集団軍に派遣して、点検工作を行なうと発表した。総政治部常務副主任の童世平は、自ら検査隊を率いて広州軍区に行き、また総参謀部常務副総長の章沁生も自ら検査隊を連れて蘭州軍区へ行き、そして広州軍区参謀長の賈暁偉は広西チワン族自治区軍区に赴いて、それぞれ点検工作を実施した。

中央軍事委員会常務副主席の郭伯雄は、総参謀部・総政治部・総後勤部・総装備部や各軍兵種・各大軍区の責任者による会義の席上、これは重大な警告であると言って、つぎのように述べた。

「比較的平和な時代、市場経済という風潮の中で、軍隊の堕落や変質、軍隊の自己建設の立ち後れという状況は、全軍が直面している『大敵』である。軍隊と地方政府、軍隊と警察・武装警察との間にさまざまな緊張関係が出現しており、中にはそれが対立という状況にまでなっているものもある」と。

軍隊と地方の警察・武装警察との非正常な関係

今回、公安部と、それに中央軍事委員会がそれぞれの組織粛正に関する文書を同時に下達したことは、近年、軍隊と地方の警察、武装警察との関係が、きわめて非正常なものになっているということの証左である。

また、このところ軍と警察の間での衝突事件が立て続けに発生し、死傷者が出る事態にもなっていて、それが軍や警察の内部ばかりか世間をも震撼させ、「人民の軍隊」と「人民の警察」が、どうして武器を使って争い、流血の事態を引き起こすのかという怒りと叱責の声が上がっていることの反映でもある。

各地の駐屯軍と現地の警察・武装警察はたがいに隷属しない関係にあるが、ここ10年ほどの間に衝突事件がたびたび発生しているのには、軍規が緩んでいることの他に、もうひとつ重要な特徴がある。

それは、「利益」をめぐる争いがからんでいることである。軍と警察は、縄張りや資源や金銭をめぐり、ひいては女をめぐる争いから、本物の銃や実弾まで持ち出して大立ち回りを演じるのである。

しかも、地方の警察や武装警察の待遇は同じ地方の駐屯軍とくらべてはるかに良く、その享受する「自由度」は、軍隊とは比べ物にならないほど大きい。そのあたりも対立の根本原因のひとつといえる。

軍と警察の衝突は、共産党政権の腐敗が末端にまで広がっていることを示している。「プロレタリア独裁の堅固な柱石」「鉄の頂上」（いずれも人民解放軍を指すことば）は、果たしていつまで中国共産党政権を支えていられるだろうか。

解放軍兵士４人の武装脱走事件の背景と顚末

前代未聞の脱走事件

２０１１年11月９日、完全武装で所属部隊から脱走した解放軍兵士４人が、中央の特殊武装警察に追跡され、短時間の内に３人が射殺され、１人が逮捕された。この事件はインターネットで一斉に報じられたが、直後にすべてが削除され、消えてしまった。

射殺された３人の兵士は、いずれも未成年だったという。逮捕された兵士は23歳で、17歳で入隊したという。

この事件に関して、中央は正確な情報を出さず、取材に対してもコメントしない。また、共産党直轄の「鳳凰ネット」などのメディアは、海外での事件の報道を規制するのに必死だった。事件の報道がネットに流れて２時間後には、中央は削除作業に入っている。

脱走した４人の兵士は瀋陽軍区に所属しており、中央軍事委員会副主席の徐才厚が率いていた部隊の若者たちである。彼らは自動小銃と実弾７９５発を持って脱走した。11月９日午前中に吉林省の公安が緊急通知を発し、黒龍江省や遼寧省の公安、そして瀋陽軍区や北京中央とも連携して４人の脱走兵を追跡し、吉林省には戒厳令が発令された。

同日午後４時頃になって、遼寧省撫順市清原満族自治県の国道２０２号付近で警察隊が４人を発見し、壮絶な銃撃戦を展開した。結局、脱走兵のうち3人が射殺され、1人が負傷して逮捕された。

瀋陽軍区司令官の張又侠は、胡錦濤と習近平から7月に昇格させてもらい、大将になったばかりである。脱走兵4人が所属していたのは、この瀋陽軍区の第16軍第46師団装甲団であり、この部隊はここ10年の間に3回も全軍師団旅団級訓練考査の最優秀に輝いた精鋭である。第16軍の高光輝軍長は、7年前まで第46師団副長をしていたが、ロシアに派遣されて教育され「全軍優秀指揮官」として表彰されていた。

張又侠は規律厳格で知られており、ベトナムとの戦争の時には単独で敵の陣地を攻撃した勇猛さも有名である。だが、今回の事件で2012年の共産党第18回全国代表大会での昇格は難しくなったと見られている。

事件の背景に政府への恨みが

脱走兵士4名の所属部隊の通称は「65331部隊」で、戦車中隊や装甲歩兵中隊や砲兵中隊から構成される機械化部隊である。

持ち出された銃は、95式自動小銃である。中国北方工業が1995年から生産を始めたもので、アメリカのM-16やNATOの突撃銃より優秀だとの触れ込みである。レーザー暗視照準装置がセットされ、プラスチックを多用して重量は3キロしかない。この銃は解放軍香港駐留

紧急通知

〔左〕2011年11月９日、４人の脱走兵が警察隊と銃撃戦を行なった現場。〔上〕吉林省公安が出した脱走兵４人に関する緊急通知

部隊の標準装備として１９９７年に初めて公開された。

中国のネットで公開された吉林省公安の緊急通知には「某部隊」と書かれているだけで、脱走兵の所属は明らかにされていない。

「中国新聞社」が11月10日、吉林省某部隊に所属する兵士４人が銃を持ち脱走したがすでに制圧され、容疑者は死亡または負傷したが、詳細については権威ある部門が今後発表すると言う記事を配信していたが、取り消された。他の中共系メディアは、この事件を一切報じていない。

11月11日に香港「星島日報」がネット情報を引用し、この事件の原因として、「この部隊の中士班長である楊帆の実家が、政府に強制的に取り壊されたことである」と報道している。中国では土地はすべて国有財産であるが、ここ10年ほどは、強制立ち退きや家屋の取り壊しなどで政府と人民の対立が激化しており、人民の不満は各地で爆発している。２０１０年度の抗議デモは18万回を数えている。

楊帆班長の実家は政府により取り壊され、彼には大きな遺恨があった。楊帆班長は、部隊の銃を持ち帰って仇討ちしようと思っていたと供述している。楊帆の故郷は遼寧省撫順市新兵県紅昇郷、特殊武装警察との銃撃戦があった場所とは100キロと離れていない。

「自由アジアテレビ」の11月11日の報道では、軍隊生活や退役軍人の実態をよく知る人の話として、「軍隊の仲間は義理人情に厚い。特に農村出身の兵士たちは、友人のためなら命を投げ出すことを惜しまない。この4人は部隊から銃と実弾を盗み出し、そのままタクシーに乗って撫順の方向に走り去った。つまり、彼らが銃を使用する対象は、軍内にはいなかったと言うことだ」としている。

人民解放軍では毎年、年末になれば軍人の退役シーズンになる。部隊内の武器・弾薬に関しては管理・保管はいっそう厳重になるので、脱走兵が銃と大量の実弾を持ち出せたというのは不思議議である。

吉林省公安部門は脱走兵4人の詳細を公表した。それによれば、楊帆以外の3人は、報話兵の林鵬（遼寧省瀋陽市康平県出身）、照準手の張新巌（湖南省出身、19歳）、照準手の李金（黒龍江省慶安県出身、18歳）である。これによってメディア記者が実家に取材に殺到したため、現地警察は周辺を封鎖した。

ネット上には、4人の兵士が脱走した原因や事件の経過、また、当局が逮捕より射殺を選んだことが疑問だとする書き込みがあふれた。軍隊内には冤罪が多いのではないかという書き込みも見られた。また、こんな軍隊が国を守っているのかとあきれたとの声もあった。

脱走事件がはらむ軍隊の闇

脱走兵の射殺は、中央軍事委員会からの命令によるものと見られている。

兵士が「友軍」から射殺されるのは、戦場での「敵前逃亡罪」での銃殺があるが、これには法的な手続きが必要になる。また、「犯罪を犯した兵士が、警告を無視して凶器を放棄しない場合」にも、射殺される。しかし、今回の脱走事件はこれらには当てはまらない。そう考えると、中央軍事委員会からの命令ではないかとの推測にも、信憑性が出てくる。

１９８９年、天安門広場の学生たちを虐殺せよとの中央軍事委員会の命令を拒否した北京地区第38軍の政治委員はただちに解職された。いまに至るも、彼の名誉回復はなされていない。

１９９４年9月20日に起きた北京の事件も記憶に残る。この事件は「カナダテレビ」が翌日に報道、「リンゴ日報」も大きく取り上げた。その記事の見出しは「中隊長は仇討ちのため北京城へ銃を持って乗り込んだ」というものであった。

北京軍区の中隊長だった田明健の妻は2人目の子供を妊娠していた。現地の「一人っ子政策」の責任者たちは、妻を強制的に病院に連行して堕胎させたが、その手術で彼女は生命の危機に陥った。

その連絡を受けた夫・田明健は激怒、銃と大量の実弾を持って北京城に向かった。彼を追跡した軍や警察と銃撃戦になり、24人が死亡、多数が負傷した。死亡者の中には、流れ弾に当たったイラン外交官と9歳の息子も含まれている。

田明健は河南省の生まれで、軍に入隊して河北省石家荘の陸軍学校に入れられ、射撃の研究を続けて「百発百中の神様」と呼ばれるようになっていた。

事件発生当日の朝、彼は軍の保管庫からAK-47自動小銃と実弾を盗み出し、部隊の朝礼に乗り込んで政治委員や幹部らを射殺した後、ジープを盗んで天安門広場に向かった。しかし、北京建国門の立体交差橋付近で追跡してきた軍と警察に取り囲まれた。

彼は自動車を遮蔽物として利用しながら銃撃戦を展開し、長安街は血の海になった。その後、彼は後退して雅宝路の空き地に潜んだが、この時点で200発の実弾を使っていた。背後の大使館のビルに待機していた彼の部隊の狙撃手に、1発で射殺された

この、まるで映画のような白昼の首都での銃撃戦の様子は、翌日の「カナダテレビ」で報じられた。結局、田明健の仇討ち事件では、民間人17人、軍と警察の7人が犠牲となったのである。

露わになった兵士の質

瀋陽の脱走事件で特徴的なことは、武装した4人の野戦軍兵士が武装警察にあっさりと制圧

されたことだ。

これまで軍隊と警察が武力対立した事例では、圧倒的に軍が強かった。公安警察などは野戦軍兵士の強さを知っているので、現役兵に対しては決して対決しようとしない。今回の事件では、兵士の弱さについて、ネットでも論議を呼んだ。

「星島日報」によれば、脱走兵の所属した６５３３１部隊の歩兵部隊は８００人しか充足していない。「一人っ子政策」によって強制堕胎させられた人数は、40年間（１９７２年～２０１２年）で４億人を超えるといわれている。それによって現在、解放軍に入隊する青年が不足しているのである。

そこで解放軍では、「入れ墨」や「肥満体」でも入隊ＯＫになっている。こんなことは、日本の自衛隊では考えられないことだろう。

党中央軍事委員会は２０１１年11月２日、この冬の新兵募集から「身体検査合格基準」の極端な緩和を発表した。毛沢東時代には考えられないことだが、実は前年にはすでに、「耳のピアスの孔は１つならＯＫ」とされているのだ。

本章冒頭でも述べたように、必死の募兵工作が繰り広げられているわけだが、いとも簡単に射殺粛清される人民解放軍に、これからも「一人っ子」たちが好んで入隊することはないだろう。

事件の余波

脱走した4人が所属していた65331部隊は、陸軍第16軍第46師団装甲団であり、吉林省の東北電力大学の隣に位置する。

中央軍事委員会副主席・徐才厚は江沢民の腹心だったが、16軍から抜擢され昇格した。徐はその後、北京に16軍瀋陽軍区の部下たちを引き上げて「東北軍」という勢力を構築した。これは、軍事委員会副主席・郭伯雄の「西北幇」という勢力と対峙するものとなった。

今回の脱走事件は、この「東北軍」という幇に関係した事件なので、2012年秋の第18回党大会後の人事配置にも影響するのは必至であろう。

この脱走事件から見えてくるものは、軍部の粛清なのか、特殊武装警察の軍に対する勝利と腐敗堕落した軍の敗北なのか。いずれにしてもこの事件で、中国人民は解放軍に絶望し、世界は解放軍を嘲笑したのである。

頻発する高官の暗殺未遂事件

安全警備に関する緊急会議

2011年1月13日の夜、党中央と国務院は中央安全警備工作緊急会議を招集し、中央警備局・総参謀警備部・公安部・武装警察本部などの責任者が参加した。

郵便はがき

料金受取人払郵便

麹町支店承認

8579

差出有効期間
平成26年5月
1日まで
★切手不要★
期日後は切手をはってご投函ください

102-8790

105

千代田区九段北
一の九の十一

(株)潮書房光人社
企画部行

ご住所 □□□-□□□□	
ご氏名（ふりがな）	男 女 / 年齢　歳
ご職業または学校名	
ご購読の新聞・雑誌名	
お買上げ書店名	都府県　郡市　町　書店

☆本書をお読みになった動機（○印をおつけ下さい）

1.広告を見て（新聞・雑誌名）
2.書店で見て
3.知人に聞いて
4.その他

中国人民解放軍 知られたくない真実　愛読者カード

いままで愛読者カードを返送したことがありますか。(有・無)

本書についてのご感想、ご意見

〔注文書〕下記のとおり購入申し込みます。

書　名	冊数	著者名	定価

お 名 前　　　　　　　　　　㊞

ご 住 所 〒

お 電 話

ご指定書店名

市町村名

電話

毎度ご愛読ありがとうございます。小社の書籍をご注文の方はこのハガキに切手をはらずにお送り下されば、あなたのご指定書店にお送り致します。ご注文の書籍は、書店より着荷の連絡がありしだいお受け取りください。

http://www.kojinsha.co.jp

この会義では、習近平・周永康・徐才厚・孟建柱・王建平らが講話を行ない、現在の安全警備工作の複雑なこと、めまぐるしく変化していること、差し迫った状況にあることを周知させた。

中央には全国の31の省市から、続々と安全警備工作に関する緊急事態の発生を告げる知らせが入り、また資金の増加支出・公安職員の編制拡大・武装警察部隊の増加・警察学校の増加建設・ハイテク安全警備装置の購入などを求める連絡が寄せられている。

会義の席上、周永康（中央政治局常務委員、治安担当の中央政法委員会書記）は、安全警備工作で遭遇するテロ式暗殺・集団暴力攻撃・自爆攻撃・ハイテク爆破攻撃などの状況について説明し、暗殺や暴力攻撃などはつぎの５つにまとめることが出来るとした。

（1）組織的で計画的であり、攻撃や暗殺の目標を選んで、その目的を達することを自己の任務とするもの。

（2）内部の人間が背後で糸を引き、殺し屋を雇って目標とする人物を殺害しようと画策するもの。

（3）個人的な恨みから、復讐や「政敵」の排除を目的として行なわれるもの。

（4）政治的な後ろ盾を持つ組織犯罪勢力が、政治的・経済的目的を達成するために行なうもの。

（5）現実や社会制度に対する激しい抵抗感から、「共倒れ」を起こそうとして行なわれるもの。

４００件の暗殺未遂事件を粉砕

この会義で周永康が明らかにしたところによると、２００７年から２０１０年末までに暗殺・暴力攻撃・自爆式暴力攻撃を計画して党や政府・国家機関の指導者・地方の党政指導者に危害を加えようとした４００件近い事件を挫き、これを粉砕したという。

また周永康は、自らも２００３年に公安部長に任じられて以来、これまで合わせて7回の暗殺や暴力攻撃の未遂事件に遭遇し、２００７年に中央政法委員会書記に就任してからも6回の暗殺未遂事件に遭遇（1度は雲南省昆明で車に乗っている時、もう1度は石家荘の省委員会招待所の講堂で）していると述べた。

会議では、２０１０年に各級指導者が暗殺や暴力攻撃の未遂事件に遭った回数は、中央の副総理以上で9回、中央の部や委員会の一級指導者で25回、地方の党政・政法に関わる省や庁の二級指導者が77回であることが公表された。

また、これは機密事項に属することであるが、２００７年以来、暗殺や暴力攻撃の未遂事件に遭遇したことのある中央の指導者、中央の部・委員会や省級の指導者としては、胡錦濤・温家宝・呉官正・何勇・李源潮・薄熙来・李金華・孟建柱・馬馼・劉家義・趙洪祝・張宝順・張慶黎らがいる。

全国の省市からの差し迫った要求

国務委員で公安部長の孟建柱は、緊急会義の席上、31の省市（区）と直轄市がすべて、安全警備を向上させるための資金や人員の大幅増加を中央に要求していることを伝えた。

それら地方からの報告は、いずれも緊急を要する案件として中央に情報が寄せられたものであり、特殊任務警察官の増加配備を求めている。省級の党政指導者、著名人、特別な職種に就いている人、国有企業の高級管理職などは、みなそのニーズを抱えている。

それと同時に関係部門には、省部級や地方庁級の党・政府・軍の高級幹部だった退職者３７００人余りのための安全警備の向上、およびそのための特殊警察官の増加配備を求める声も寄せられている。

孟建柱は、安全警備を強化して重点機関や重点部門の警備の等級を引き上げることがどうしても必要であり、状況は差し迫っていると指摘し、1月中旬のうちに安全警備向上の関連措置が確実に実行されていなければならないものとしては、重要機密部門・飛行場・原子力発電所・大型ダム・橋梁・トンネル・港などがある、と述べた。

また孟は、金融機関・郵政部門・病院・大学や高等専門学校・小中学校・大型の文化娯楽施設などからも安全警備問題の解決を求められていることを認めた。

安全警備問題は総合的な管理プロジェクトであり、もし各方面の要求に従って、安全警備がある程度の安全係数に達することを保障するとなると、公安関係の職員を250万人増やし、武装警察官を30万人増やし、さらには安全警備の特殊任務警察官も1万5000人増やさなければならず、そのための支出は全部で2800億元から3000億元以上も増えることになる。たとえこの費用を出すことができたとしても、それだけでは足りず、その他条件にあった人材が200万人あまりも必要となる。

中央の4大機関の特殊警察官増員要求

以下は、中央の4大機関が特殊警察官の増員を要請している状況である。

（1）党中央に直属する機構や部・委員会・事務機関は585人の特殊警察官の配備を要求しているが、現在までに配備されているのは411人である。

（2）国務院に直属する37の機構・事業単位・事務機関・特設機構は622人の特殊警察官の配備を要請しているが、現在までに配備されているのは355人である。

（3）全国人民代表大会に隷属する機関や専門委員会は411人の特殊警察官の配備を要求しているが、現在までに配備されているのは320人である。

（4）政治協商会議全国委員会に隷属する機関や専門委員会は315人の特殊警察官の配備を要請しているが、現在までに配備されているのは300人である。

（5）国務院に隷属する27の部や委員会のうち（国防部・公安部・安全部を除いた）24の部や委

員会は２５０人の特殊警察官の配備を要請しているが、現在までに配備されているのは１３３人である。

聞くところによれば、総参謀部が２０１１年に配備できる特殊警察官は１７５０人であり、それを３組に分けて教育訓練を修了させるという。各方面から要請されている特殊警察官の人数（合計２１８３人）は、その限界を超えているのである。

中央の指導者に対する警備状況

中央政治局常務委員（９人）のひとりひとりには、運転手を兼務する８人を含めて18人の特殊警察官が配備されている。

中央政治局員（常務委員を除く16人）のひとりひとりには、運転手を兼務する８人を含めて12人の特殊警察官が配備されている。

中共中央と国務院に直属する機構や部・委員会・事務局・党・政府の主要指導者に対する安全警備は２交代制になっており、部・委員会・事務局の主要指導者（主任を含む）には、運転手を兼務する２人から３人の者を含めて６人の特殊警察官が配備されている。

省級地区の党・政府・人民代表大会・政治協商会議の主要指導者に対する安全警備は２交代制になっており、書記・副書記・省長・常務副省長・人民代表大会主任・政治協商会議主席のそれぞれには、運転手を兼務する２人から３人の者を含めて６人から８人の特殊警察官が配備されている。

その他、地方の公安機関や武装警察は随時、指導者の外出に合わせて4人から8人の私服の警官や武装警官を安全警備のために随行させることが出来るようになっている。

厳重警備の限界

党の安全警備工作は、政権の安定と軌を一にするものであり、政権の安定が不穏になればなるほど安全も保てなくなる。まさに公安部長の孟建柱が言うように、それは単純ではない総合プロジェクトである。

だが、孟が言わなかったことがある。それは、中国各級の党や政府で腐敗していないところはひとつもなく、その役人で汚職をしないものはひとりもいない、ということである。

中国の役人は全国いたるところで民衆と利を争い、民衆を敵視し、民衆の家を取り壊し、民衆の土地を奪い、民衆の生計の道を奪い、さらには陳情者を逮捕し、無辜の民を殺害し、民衆を無理やり破滅の道へと追いやっているのである。

人というのは、窮地に追い込まれ万策尽きた時、死にもの狂いになるものではないだろうか。清華大学のある社会学教授はかなり以前から、中国社会の矛盾はすでに全面的な爆発を起こす臨界点に達していると言っている。

それなのに、中南海のお歴々は、警官が殺傷された上海の楊佳事件から教訓をくみ取ろうともしない。（楊佳事件：２００８年7月1日、楊佳という男が上海の警察署に乗り込み、警官6人を殺害、３人にケガをさせた事件。警官に不当な暴行を受けたことへの報復だったといわれる。楊佳は5ヵ月後に死刑に処されるが、横暴な警察を嫌う民衆は彼に快哉を叫んだ）

相も変わらず武力や特殊警察を盲信し続け、自分の親族や部下の役人が人民を搾取し、人命を踏みにじり、無法の限りを尽くすのを放任している。

このままいけば党内の特権階級は、最後には人民大衆の憤怒の大海に飲み込まれてしまうことになるだろう。特殊警察官をいくら増員したところで、何の役にも立たないのである。

第5章　中国共産党と軍の権力争い

重慶事件の真相と軍の激震

事件の背景

2012年2月6日、重慶市副市長・王立軍が四川省成都市のアメリカ総領事館に亡命を求めるという衝撃的な出来事で幕を開けた「重慶事件」は、いま共産党政権を揺るがす一大政治スキャンダルに発展した。

事件はその後、重慶市のトップ（市共産党委員会書記）薄熙来が失脚、さらには彼の妻で弁護士の谷開来がイギリス人実業家の殺害容疑で逮捕されるという驚くべき展開を見せている。

重慶市は中国に4つある直轄市のひとつ（他に北京、上海、天津）。人口約2900万人、面積は約８万２４００平方キロで北海道よりも広く、人口・面積とも直轄市の中で最大である。

失脚した薄熙来は、中国共産革命の指導者で副首相を務めた薄一波を父にもつ、いわゆる太子党（党高級幹部の子弟グループ）のひとりだ。

彼は中央の経済開放政策とは一線を画した経済政策「重慶モデル」で実績を上げ、「打黒」（マフィア撲滅）や「唱紅歌」（革命歌を歌おう）というスローガンを掲げて政治活動を繰り広げ、江沢民前国家主席に代表される保守派の支持を集めて次期党最高指導部（政治局常務委員）入りも確実と見られていた。

彼の右腕としてマフィア撲滅運動を指揮していたのが、副市長で市公安局長も務めていた王立軍である。

しかし、薄の打黒運動は拷問、違法な拘束、冤罪の多発など捜査の行き過ぎを批判され、また独自の政治・経済路線は、スタンドプレーとも見える政治パフォーマンスとあいまって、胡錦濤（青年団派）ら党首脳部の改革派からは危険視されてもいたようだ。

薄熙来

王立軍

薄を重慶市党書記から解任すると政治局常務委員会で決定した時、それに反対したのは委員９人のうち公安部門を担当する周永康ひとりだったという。

米総領事館に駆け込んだ王立軍

2月6日、王立軍が成都市のアメリカ総領事館に駆け込んだあと、アメリカと中国は9時間にわたって交渉を続けた。翌日、アメリカによって身の安全が保障された王は総領事館を出たところで、中国国家安全部に身柄を拘束され、どこへともなく連行されていった。

そもそも王立軍は、なぜ亡命を図ったのか。漏れ聞こえてくる情報では、次のような状況だったという。

2011年の年末、中央規律検査委員会（賀国強書記、元重慶市のトップ）が極秘に王立軍を召喚し、彼の汚職問題や司法乱用など数々の問題について事情聴取をした。彼は抗弁できずに沈黙し、自らの政治生命の終わりを感じたという。

しかし規律検査委員会からは、「薄熙来の調査に協力して証拠を提出するなら、あなたの問題は寛大に処理する」といわれて協力したようだ。

王の裏切りをスパイから聞かされた薄は、王を呼んで話し合った。2月2日、王は突然公安局長を罷免された。彼と親しい運転手など19人が逮捕され、彼自身も24時間の監視下におかれた。身の危険を感じた王は、アメリカ領事館に政治亡命を求めたのである。

もうひとつの説として、打黒捜査の過程でイギリス人実業家の殺害に薄の妻・谷開来が関与しているとの情報を得た王が、そのことを薄に伝えたところ、薄は王を解任、逆に王や彼の側近の捜査を始めた。危険を感じた王が亡命を図ったのだ——という話も報じられている。

王立軍の身柄をめぐり重慶警察と四川警察が対立

「前哨」２０１２年3月号では、重慶事件時、アメリカ総領事館を装甲車などで包囲した重慶警察と四川警察が衝突したとも報じられている。

王立軍の米総領事館駆け込みを知った薄熙来は、すぐに王の身柄を取り戻せと、重慶市長・黄奇帆に命令している。

黄市長は、命令に従い70台の警察車両を率いて、赤色灯を回転させながら四川省に乗り込んだ。四川警察は重慶警察の車両を停止させようとしたが従わなかったため、緊急事態を四川省書記の劉奇葆に報告した。劉書記は王立軍が成都のアメリカ総領事館にいることを確認、党中央に連絡するとともに、四川警察には「重慶警察を近づけるな」と命令している。

党中央は青年団派の劉書記の報告を受け、「重慶は中央に対して謀反を起こしているのか」と激怒し、すぐに薄熙来と黄奇帆に「警察車両を引き連れて重慶に帰れ」と命令した。

胡錦濤は国家安全部副部長ら7人を現地に急行させて、翌2月7日に王の身柄を引き取らせ、そのまま北京に連れていった。このとき、王の移送に公安部を使わなかったのは、薄熙来の後ろ盾が政治局常務委員・公安部長の周永康だと胡錦濤ら党中央が承知していたからである。中央政法委員会と公安部を支配している周に身柄を渡せば、薄に渡したも同じになる。つまり、間違いなく王立軍は殺されるということだ。

王立軍の方で、「北京の国家安全部でなければ同行しない」と主張したのかどうか定かではないが、国家安全部は喬石（元政治局常務委員、胡錦濤支持者）や賀国強（政治局常務委員、中央規律委員会書記）が支配している。

王立軍がアメリカに手渡した薄熙来の権力奪取計画

2月8日にアメリカ政府は、王が総領事館に駆け込んだことは認めた。

2月9日、ワシントンタイムズ紙のベテラン記者ビルガーツは、王立軍は「重慶市トップの薄熙来や政治局常務委員の周永康に関する詳細な情報や、彼らが習近平をどのようにして次期指導者の座から遠ざけようとしているか」について語っていると報じた。

海外の中国語メディア「博訊ネット」は、王立軍は北京に移送された後、薄熙来と周永康が習近平の指導者就任阻止に向けた計画を立てていたことを暴露したと報じている。その計画は旧正月明けから発動される予定だったといわれ、まず海外メディアに習近平の批判情報を流して勢力を弱め、薄と周が手を組んで権力奪取を目論んでいたとされている。

薄が周の後継者として政法委員会書記に就任し、次に武装警察と公安部を支配し、時機を見て習を追い落とす計画だったようだ。この計画の詳細は、王立軍の手からアメリカ側に手渡されている。秋に開催される中共18大会に関する情報も、入っていたかもしれない。

王が総領事館に持ち込んだ大量の秘密文書により、アメリカは中国共産党最高指導部の権力争いの内幕を押さえた。「オバマ大統領が10人目の政治局常務委員になった」という笑い話もささやかれている。中共の将来に立ちはだかるのはアメリカである。（２０１２年４月現在の政治局常務委員は、胡錦濤、温家宝、李克強、賀国強、呉邦国、周永康、習近平、賈慶林、李長春の９人）

アメリカのニュースサイト「ワシントンビーコン」は、２月21日、ワシントンタイムズ紙のビルガーツ記者の話として、中国がアメリカに「王立軍が渡した資料の返還」を求めていると報じている。アメリカ政府は極秘資料を渡されたかどうかコメントしていない。

薄熙来解任

王立軍が北京に移された後、２月９日に胡錦濤総書記ら党最高指導部が重慶事件の専門調査チームを立ち上げた。

王の亡命騒ぎにもかかわらず、その後しばらく薄熙来の地位には変化がないように思われたが、３月14日の記者会見で温家宝首相は、名指しこそしなかったが薄熙来ら重慶市指導部の政治手法に対する批判を行なった。そして、翌15日、薄熙来は重慶市党書記を解任された。この時点ではまだ薄の党首脳部入りを望む保守派の声があったためか、政治局員の職務は解かれなかった。

しかし、４月10日、衝撃的なニュースが流れた。薄熙来の妻・谷開来が２０１１年11月に起きたイギリス人実業家殺害事件の容疑者として逮捕され、薄自身は、党政治局員の職務を停止されたのである。

その後、薄熙来は妻の殺人関与を知りながら隠していた疑いで、取り調べを受けているという。さらに、薄一家の海外での莫大な不正蓄財や、ハーバード大学院に留学中の息子・薄瓜瓜の優雅な生活ぶりが話題になった。

また4月24日には、薄熙来の後ろ盾となっていた周永康が胡錦濤総書記に忠誠を表明した演説が人民日報に掲載された。周は、薄に重慶事件関係の機密情報を漏らした疑いがもたれており、党規違反を犯した嫌疑で党中央規律委員会が調査に乗り出している。

党指導部は一連の事件を、党の権力争いや政治問題ではなく、あくまで薄夫妻の個人的スキャンダルとして処理しようとしているようだ。2012年秋に行なわれる第18回党大会を前に、共産党政権の安定を内外にアピールする狙いだろう。

しかし、この問題はまだまだ終わっていない。事件で露わになった党指導部内の確執は根が深いように思える。胡錦濤は、薄熙来や王立軍から得た情報をどう利用するのか。薄がすわるはずだった政治局常務委員の席には誰が座ることになるのか。人民の党への信頼がゆらいでいる中で習近平は無事に政権を引き継ぎ、指導してゆけるのか。

不安定な状況の中で、次期政権はどのような外交政策をとるのだろう。体制固めのため内向きの安定を求めるのか、国内の民心をひとつにするため逆に強硬な対外政策を打ち出すのか。

日本はこれからの展開を注意深く見ていく必要があろう。

陸軍中将の汚職解任に隠された軍の派閥闘争

総後勤部副部長・谷中将の解職の背景

いままでは「重慶事件」の陰に隠れてしまっているが、２０１２年1月15日に、驚きのニュースが解放軍中央から流された。軍の兵站部門を統括する総後勤部副部長・谷俊山中将が軍規律違反を犯したとして解職されたというのだ。谷中将は河南省にいる不動産業者の実弟と共謀し、不当な利益を得ていたという。

「開放」や「前哨」は、この決定をしたのは劉少奇元国家主席の息子・劉源大将であると伝えた。

劉源大将は太子党の主要メンバーで、習近平の盟友である。彼が総後勤部の政治委員に就任したのは1年前で、２０１２年の正月には６００人の軍幹部を前に講演し、「総後勤部の腐敗は深刻だ。厳しく対処する」と語り、これを放置すれば中国共産党と人民解放軍の存亡に関わると断言していた。これは前総理・朱溶基の就任当初の演説と同様である。

「開放」によれば、劉源の演説は軍内部の腐敗だけではなく、現役と退役の軍人たちによる日常的な抗議活動にも言及している。法を無視した現状の軍には、危機感を覚えているようだ。

取り調べを受けた谷中将は身柄を拘束される前、「どうせ死ぬなら、みんな一緒だ！」と言って、自分の車で北京郊外の核施設へ行き、人為的に核物質を漏洩させようと計画した。この行動に慌てた党中央軍事委員会は、谷中将の精神を安定させようと考えたほどである。

１９５６年に河南省で生まれた谷俊山は、元武装警察司令で全国人民代表だった呉双戦大将の引きで少将に昇進したが、バックには江沢民や曽慶紅がいた。

呉双戦は２００３年に胡錦濤が軍権を握る時からお世辞を言い続けて信用を獲得した。２０１１年には、谷俊山も中将に昇進させてもらった。そのときに、谷の経済問題を告発する署名が集められたことがある。

いまの中国では、「腐敗に反対すれば中国共産党は滅びる。腐敗に反対しなければ国家が滅びる」と言われている。胡耀邦元国家主席の息子・胡徳平や、劉源などの開明派・進歩派の指導者たちは、江沢民時代からの腐敗幹部をつぎつぎに摘発するだろうと言われている。

劉源は、谷俊山を取り締まらなければ解放軍は精神的に崩壊し、「中国はもう一度危険な状況になる」と語る。劉源は習近平の時代になれば、大いに活動が期待されている。

江沢民派「軍中3巨頭」を直接批判した劉源

２０１１年12月25日から28日にかけての中国共産党中央軍事委員会拡大会議では、翌年の第18回全国代表者大会（18大会）の軍の代表を選ぶ討論が行なわれたが、「前哨」の報道によれば全員が出席、各軍区の責任者など約１００人も出席していた。

会議の始めに、中国共産党賛歌を合唱し、中央軍事委員会副主席の郭伯雄大将が「２０１１年我が軍の工作」の総括報告を読み上げた。中共の伝統的な調子で、全員を鼓舞するような口調だった。

次に同じく副主席の徐才厚大将が報告を行なった後、18大会の人選に移った。討論の中で徐才厚は瀋陽軍区と蘭州軍区の代表に発言させた。これは郭伯雄が蘭州軍区の、徐才厚が瀋陽軍区のボスだという背景がある。この２つの軍区は軍事委員会副主席の指定席なのである。２人の代表は発言の調子を合わせる。

一連の「セレモニー」の後、総後勤部政治委員の劉源大将がテーブルを叩いて立ち上がった。彼が始めた話に、出席者はみな耳を疑った。

劉源はこんな風に話しだした。「みんなと同じように正月の挨拶を用意していたのだが、違う挨拶にしよう」――そして、総後勤部の中の巨大な汚職事件のことを話し出したのだ。

総後勤部政治委員
劉源大将

彼は、ある将軍の大邸宅の話をした。ある腐敗将軍が北京市朝陽区中央商区の繁華街に1億元以上を使って自分のための邸宅を建設したという。土地だけで20畝以上、裏には3軒の別棟もあり、金銀を大量に使用して中国封建時代の皇帝の宮殿より豪華だという。

その将軍とは誰のことかと推測しながら聞いていた出席者に向か

中央軍事委員会
副主席・郭伯雄大将

中央軍事委員会
副主席・徐才厚大将

国防部長
梁光烈大将

って劉源は、こんな事例は1つや2つではないし、この程度の金額が汚職の最高額というわけではない、と断言した。さらに、軍の資産や武器を不法に売買して金儲けをしている「非常厳重事件」は各地で発生しており、これは人民解放軍の存亡に関わる重大問題だと叫んだ。

最後に劉源は、壇上に並んだ3人の大将――郭伯雄・徐才厚・梁光烈を睨んで、「いまの軍の腐敗局面に対して、指導者は責任をとるべきだ」と、厳しく言い放ったのである

出席者たちは劉源の発言に驚愕し、会場は静まりかえった。壇上で徐才厚が郭伯雄とひそひそ話を始めたとたん、一気にざわめきが広がった。会場は収拾がつかないほど騒々しくなったが、これは軍事委員会の会議としては異例中の異例といえるものであった。

劉源の話を壇上で聞いていた中央軍事委員会主席・胡錦濤と同副主席・習近平の2人は、顔色ひとつ変えることなく平然としていた。慌てていた徐才厚は、指示をもらおうと胡錦濤を見るが、胡錦濤は知らん顔をしていた。隣りの習近平は下を向いて何かメモをとるようにして顔を合わせなかった。劉源の話の要点をメモしていたようだったという。

胡錦濤や習近平は、軍の実務に詳しいわけではない。実務は徐才厚・郭伯雄・梁光烈の３人が取り仕切り、特に古参の軍頭（軍の首脳）・梁光烈は国防部長を務めている。この３人は「軍中３巨頭」と呼ばれている。だから、劉源の「軍の指導者は腐敗の責任をとれ」と言うのは、この３巨頭に責任をとれと言っていることになる。

梁光烈は劉源の発言の間、ピクリとも動かなかった。性格が凶暴な梁光烈は普段は「釣魚島に軍を派遣して奪取せよ」と叫ぶような人物なのだが、この日に限っては別人のように静かだった。それは単に劉源を無視していたのか、それともほかに理由があったのかはわからない。

会場が静まったころ、徐才厚は討論をするように促した。討論のなかで、劉源を支持する50歳前後の少壮幹部が目立った。支持も不支持も明らかにしない中間派も多く、江沢民派の３巨頭の実力を恐れる雰囲気が強く感じられたという。

３巨頭の胡錦濤への忠誠は表面的なものにすぎず、彼らは何かあれば必ず「江沢民同志の意見を聞いて決める」と話していた。それがこれまでの実態である。

反腐敗で胡錦濤と習近平が同盟か？

数十年前から軍の腐敗は内外のニュースになっていた。全国の大軍区では官位を金で買う慣習があり、報道されることも多かった。将官や佐官のランク別に価格が決められており、金さえ出せば何でも叶うと言われていた。

劉源の話には、次のような例も挙げられている。

中共建国大将陳賡の息子・陳知建は、1945年にハルピンに生まれ、ミサイル工程系リモコン測量専門課程を卒業し、第14集団軍副参謀長や重慶警備区副司令などを歴任した。第14集団軍の前身は、彼の父親が率いた山西省・山東省・陝西省の野戦軍第4総隊だった。父親から受けた教育により、あえて低い地位に甘んじて、昇格を何度も拒否していた。

いつまでも少将のランクだったが、2003年の人事異動で昇進することになった。だが、中将のランクを得るのに金を出さねばならないということに怒った彼は、昇進を拒否。結局、別の人間が大金を払ってその「官位」を買い取ったという。

彼が58歳の時の出来事だったが、彼は辞職もせずにがんばった。2011年に65歳になったが退役手続きをしなかった。このときにも、金を出せば中将にして退役させてやると言われ、怒って拒否したという。

骨の髄まで腐敗した共産党の軍隊では、建国大将の息子にまで、金を出せば中将にしてやるなどと言うのである。鄧小平や江沢民が指導した軍隊の腐敗は深刻だという。

中央軍事委員会拡大会議での劉源の異例の発言は、実は周到に用意されたものだったようだ。胡錦濤と習近平が裏で支持していたらしい。北京にいる筆者の友人の話によれば、胡錦濤は会議の後で「劉源を支持する。軍の腐敗は深刻で、厳しく摘発しなければならない」と語ったそうである。そして、2011年の年末には、前述のように谷俊山が拘束されている。

習近平は昔から劉源と仲がよく、どうやら習も3巨頭攻撃を支持しているようで、そうなれば「胡錦濤と習近平の同盟」が完成したことになる。

中央軍事委員会
副主席・習近平

消息筋の話では党中央規律検査委員会は「反腐敗」の対象者名簿を作成したようだ。江沢民時代の幹部が、つぎつぎに引っ張られるかもしれない。

12月25日からの党中央軍事委員会拡大会議の終盤には、3巨頭は劉源の発言を無言で聞いていた。胡錦濤は中央軍事委員会主席として総括を述べるはずなのだが、それも無く、簡単な挨拶だけにとどめた。その挨拶は、同志たちの話を聞いて感動した、私もみんなと同じに真剣に問題に取り組みたい、と言ったにすぎない。新年賛歌さえ歌わなかったという。

今後は「胡・習」の同盟が軍中腐敗3巨頭を打つことになるだろうが、中共政権の行方だけでなく、軍部の行方も分からなくなってきた。

章沁生大将の失脚

谷俊山に続き、もう一人、大将失脚のニュースが流れた。

2月29日午後2時15分、「明鏡」新聞ネットは、解放軍第1副総長の章沁生大将が突然停職になったと報道した。共産党系のメディアからは発表がないが、理由は「汚職」とされているようである。

しかし、章大将は胡錦濤派といわれていた軍人で、今回の突然の停職処分は様々な憶測を呼んでいる。

章大将は解放軍で一番の戦術研究専門家であり、かつて総参謀部作戦部長や国防大学教育長を歴任、広州軍区司令員（司令官）も務めた。

彼は以前から、解放軍は国家の軍隊であるべきだという主張をもっていたと言われ、解放軍の党へのさらなる忠誠強化を図っている党首脳部に問題視されたのかもしれない。

いずれにしても、秋の党大会に向け、党・軍の内部では、いまも主導権争いの暗闘が繰り広げられているようだ。

胡錦濤は18大会後も軍権を保つか

規律検査委員会で異例の総括――胡錦濤主席の権威を守れ

解放軍の規律検査委員会は、胡錦濤の権威を高く評価している。２０１２年1月8日から10日まで北京で開催された「全国規律検査工作会議」の席で、胡錦濤が賞賛されていたのである。

解放軍の規律検査委員会の地位は、地方の委員会とはちがう。地方の規律検査委員会は現地の党委員会と同じレベル、省や市の規律検査委員会書記は行政級ランクより上で、党委員会書記と同じレベルである。

しかし、軍の規律検査委員会は総政治部の下に設けられているのでランク的には低く、解放軍規律検査委員会書記は総政治部の副主任が兼務する。同様に、各大軍区の規律検査委員会書記は、軍区の政治委員と同じランクである。その軍区の政治部から、統括する管理下の政治部副部長が兼務する。

解放軍の現在の軍事委員会規律検査委員会書記は、総政治部副主任の童世平大将である。全軍規律検査委員会の会議を開催するときには、彼が会議の方向性を決める。

規律検査委員会の本来の仕事は、汚職・賄賂・公金横領・腐敗などの調査と処罰である。だからこの種の会議では、特定個人の取り調べや原因調査が行なわれる。しかし今回の会議は、全く違う形で進められた。

会議の冒頭、童世平は、「２０１２年は党と国家の発展の上で、特別に意義のある重要な年である」と宣言した。軍は腐敗を嫌い、清廉潔白を重んじ、全体に奉仕し、党の規律を厳しく守り、特に政治的公正は厳守する。党中央を守り、中央軍事委員会の権威を守り、団結と統一を守り、党の18大会を正しい政治環境で迎えるようにしよう」と述べたのである。

彼の話に出てくる「特別に意義のある重要な年」とは、18大会後に重要な人事交代が行なわれることを示している。軍が「中央軍事委員会の権威を守る」というのは、「中央軍事委員会主席の絶対権威を守る」――つまり胡錦濤主席の権威を守る、ということである。18大会まではあと数ヵ月しかないが、胡錦濤の権威を守るのは、その間だけのことなのだろうか。

全国規律検査工作会議最終日の1月10日、総政治部主管人で軍事委員会副主席の徐才厚は総括談話の中で、「党中央と中央軍事委員会は胡錦濤主席の指揮に従い、またその権威を守ることを明らかにせよ」と要求したが、これは非常に珍しいことである。

この会議の出席者によれば、今回の会議は規律厳守を強調する会議のはずなのに、「全軍は胡錦濤の下に団結せよ」という話で終わったと語る。

2002年に胡錦濤が中央軍事委員会主席に就任して以来10年になるが、軍事委員会規律検査委員会が「胡錦濤の権威を鉄の団結で守れ」などと強調するのは初めてのことである。

軍権をめぐる暗闘に胡錦濤が勝利したのか

18大会まであと数ヵ月という時期になって、軍が「胡錦濤の権威を守れ」などと強調し始めたのは、まるで10年前の16大会前夜と同じ状況だといえる。

16大会では、中華人民共和国建国以来、初めて「平和的に権力が移行した」大会だった。江沢民から胡錦濤に円満に移行したのだ。18大会も同様に習近平に権力が受け継がれる予定である。

16大会は、2002年11月に開催されたが、その年の春から当時の中央軍事委員会副主席の張万年と遲浩田は、「解放軍の部隊は、いかなる場合でも江沢民同志を守り、党中央と中央軍事委員会はその指揮に従え」と繰り返し叫んでいた。江沢民の腹心の2人の軍幹部が声を張り上げて「江沢民に絶対服従」を押しつけようとしていたのだ。

このとき江沢民は76歳、権力を絶対に手放したくないという異常な執念に対して、喬石や李瑞環などは、何とか引きずり下ろそうとした。当時68歳の李瑞環は江沢民に、「私も引退するから同志も引退しろ」と強硬に迫り、とうとう江沢民は胡錦濤に権力の座を引き渡した。

かつて鄧小平は毛沢東の死後、まず軍事委員会主席に就任して軍権を支配し、江沢民を中央権力に就任させてから半年後に、軍事委員会主席の座を渡している。この方式を胡錦濤も踏襲するのではないかと見られており、総書記の座を習近平に渡した1〜2年後に、軍事委員会主席の座を渡すのではないかと見られている。

江沢民

海外の中国研究家たちは、軍幹部が「胡錦濤の権威を守れ」と叫んでいることに注目し、18大会後も、胡錦濤が軍権を保ち続けるだろうと見ている。

2002年に総書記となった胡錦濤が中央軍事委員会主席の座に着いたのは2004年。しかし、軍幹部たちは軍隊経験のない胡錦濤を長らく無視していた。その原因となっていたのは、胡錦濤は性格が温和で、軍の実務に関して強い命令を出さないことと、江沢民の子飼いや腹心のネットワークが張り巡らされている軍の人事に手を付けなかったことである。

ところが、習近平は軍と特殊な関係をもっている。清華大学卒業後、中央軍事委員会で秘書として勤務した経験があり、軍内には太子党出身者の人脈を形成している。

また、彼の妻・彭麗媛は軍人の歌手として人気が高い現役少将（総政治部歌舞団団長）である。

習近平夫人・彭麗媛

習近平は中央軍事委員会副主席に就任すると、半年もたたない内に7大軍区の中の6大軍区を訪問し、軍内の友人たちの協力で秘密裏にミサイル部隊も訪問している。

四川省の成都市では最先端のステルス戦闘機「殲－20」のテスト飛行も指揮し、試験航海する空母にも乗艦している。2011年の下半期には、各軍区で「歓迎習副主席指導軍隊」というスローガンが頻繁に見られた。

2011年末、江沢民は胡錦濤の軍権を取り上げようと画策し、習近平時代になれば黒幕としてコントロールできるよう手を回した。ある老軍頭を政治局常務委員に入れて、それを通じて習近平をコントロールしようとしたのだ。

南海危機でベトナムとの関係が険悪になったとき、軍の首脳たちは胡錦濤がベトナムに対して低金利で500億ドルを融資していたことを知り激怒、それがベトナム軍の装備充実の資金になっていると抗議した。

そして胡錦濤に、軍事委員会主席を辞職せよと詰め寄った。江沢民派は胡錦濤を徹底的に叩き、総参謀部、海軍、空軍は先頭に立って抗議した。

しかし、胡錦濤は辛抱強く、自らを追いつめた江沢民派の軍首脳たちに反撃するチャンスを待っていた。それが現在進んでいる腐敗軍頭たちの摘発なのである。

これまでのところ胡錦濤は、友人たちに「故郷に帰る」という挨拶はしていない。長年秘書を務めている3人や、党中央事務室主任として彼の側近だった令計画、そして事務室スタッフ十数人も、いままでと変わらず仕事をしている。

この状況からみて、胡錦濤は江沢民との暗闘に勝利したとも考えられる。そうであれば、習近平に軍権を渡す時期は胡錦濤の考え次第ということになる。

胡錦濤は長年、軍事委員会主席という地位を利用して、一部の軍頭を手なずけていた。北京軍区司令員の房峰輝大将（61）は、18大会で総参謀長になって中央軍事委員会に入るのではないかという憶測もとんでいる。

信頼できる筋の情報では、胡錦濤は江沢民が入院中に、江沢民派の高級幹部を丸め込んだという。それで、今回の規律検査委員会工作会議において、「胡錦濤の権威を守れ」という発言が飛びだしたのだというのだ。

軍頭たちが「全軍は胡錦濤主席の権威を守り、指揮に従う」とアピールするのは、江沢民の時の再現だろうとみられている。

習近平の解放軍懐柔工作を支えるもの

「三劉一張」で軍を掌握

習近平は権力をしっかり握るために、6人もの政治委員を調整した。彼は2010年に軍事委員会副主席に就任して以来、軍権を掌握するためのスタッフを集めたのだが、それは共産党中央党校、国防大学の省・部・軍級幹部訓練班から1950年代以降に生まれた太子党の者を選んでいる。

胡錦濤はこの6人を大将に昇進させた。副参謀長の孫建国と候樹森、総政治部副主任の賈延安、海軍政治委員の劉暁江、瀋陽軍区司令員の張又侠と蘭州軍区政治委員の李長才である。これは18大会の決定次第だが、習は彼らを中央の党委員会書記に昇格させるつもりである。

2009年冬、党中央軍事委員会の拡大会議の席上、胡錦濤の許可が出たので習近平は6大機構の政治委員を入れ替えた。

ミサイル軍政治委員：張海陽（張震の息子）――前成都軍区政治委員。彭小楓の後任

国防大学政治委員：劉亜州（李先念の娘婿）――前空軍副政治委員。童世平の後任

武装警察総部政治委員：許耀元――退職した喩林祥の後任

北京軍区政治委員：劉福連――前副政治委員。退職した符延貴の後任

済南軍区政治委員：杜恒岩――前副政治委員。劉冬冬の後任
成都軍区政治委員：田修思――前新疆軍区政治委員。ミサイル軍政治委員に異動した張海陽の後任

これらは習近平による第1回目の大軍区政治委員の人事異動であったが、第2回目は２０１０年冬に、軍事委員会の会議終了後に多くの新世代将軍を選出している。

軍の内部では、幹部たちの担当部門を入れ替えて、「あらゆる部門で経験豊富にする」という政策がとられている。これは党に対する忠誠心を試すことにもなり、18大会の後に「習近平派」を作り上げる基礎となるものである。

第2回目の異動で入れ替わった軍幹部のひとりが、劉源（元国家主席・劉少奇の息子）である。彼は軍事科学院政治委員から、退職した孫大発の後任として突然、総後勤部政治委員に任命された。

この劉源と習近平は昔から親しく、文化大革命の時代には農村に下放され、重労働をさせられていたという経歴も共通している。

２人は同じ運命を感じており、心が通い合っていると言われる。共産党政権護持と、党が軍を指揮するという統治理念で社会の安定を目指すという考え方も共有しており、習近平の時代になれば、劉源はしっかりと軍権を握れるように協力する。

２０１２年の18大会における軍事委員会総部の人事異動で、劉源は退職が近い廖錫龍大将に

替わって総後勤部長に昇格する可能性が高い。

習近平は「三劉一張」によって軍心の安定を図っている。「三劉」とは、劉源（総後勤部政治委員）・劉暁江（海軍政治委員）・劉亜州（国防大学政治委員）の3人を指し、「一張」とは、張海陽（ミサイル軍政治委員）を指す。

この4人の大将は太子党の核心人物であり、習近平の最も信頼するブレーンである。重要部門を押さえる「三劉一張」は、習が軍権を握る上できわめて大きな力になる。この4人は、太子党から軍事委員会副主席の予備人選に推薦される人物でもある。（ただ、劉源と張海陽は薄熙来とも親しいため、人事に影響があるかもしれない）

習近平の軍首脳人事に隠された狙い

2011年の習近平は、多忙であった。翌年秋に開かれる18大会の軍高級将官の予備人選に取り組んでいたのである。党中央組織部長で太子党の李源潮や、総政治部副主任で江沢民の腹心だった賈延安（最近大将に昇進。幹部部に所属していた）らを通じて中央第5代の「軍政通才」の総合的人事案件を練っていたのである。

習近平が自派の「軍材」を選ぶ条件は、高学歴（博士や修士を取得したもの）で、科学技術と政治を融和させていける者である。

元南京軍区参謀長だった蔡英梃中将は、副総参謀長に昇格した。彼は、軍事委員会副主席だった張万年の秘書をしていた。台湾情勢に通じており、マカオについても第31集団軍軍長を長く務めていたので詳しい。彼を総参謀部に異動させるのは、台湾に対する軍事的圧力を増大させるという意味がある。

習が昇進させた孫建国大将は、原潜の艦長出身で、彼の持つ「潜航90日」の記録はいまだに破られていない。もしかすると彼は海軍司令員に就任するかもしれない。

瀋陽軍区司令員の張又侠は、習近平と同じ陝西省の出身である。父親は中共開国大将の老紅軍で元副総参謀長・張宗遜である。習近平の父親・習仲勲と張宗遜は、革命根拠地を創設した同志である。息子同士も同郷の太子党であり、文化大革命で下放され重労働させられていたのも同じである。

張又侠はベトナム戦争に2回従軍し、陸戦の経験が豊富である。ただ、軍の要職としては瀋陽軍区司令員を3年間務めただけである。しかし、習近平の時代になれば、彼は総参謀長に任命される可能性が高い。

許其亮は空軍司令員を4年間務めているが、彼の最大の功績は「殲-20」ステルス戦闘機を登場させたことである。また、震災の救援に、空軍各部隊を送り込む時に何度も指揮している。国防大学政治委員の劉亜州とは一心同体の盟友である。彼らは胡錦濤からも温家宝からも称賛を受けている。習近平は許其亮を軍事委員会副主席に抜擢する可能性がある。

国防部長は現在、梁光烈が務めているが、２０１２年には72歳、退職年齢となる。このポストには現副総参謀長の馬暁天が就任する可能性が高い。パイロット出身の馬暁天は太子党であり、2007年から軍区司令、軍長を歴任している。いまは副総参謀長だが、海外との軍事交流を主宰している。中共伝統の「遠交近攻」を墨守し、英語・ドイツ語・日本語・ロシア語に堪能で、日本に対する厳しい発言を繰り返していることで知られる。

現在の総参謀長・陳炳徳も2012年には71歳になる。これまでは軍事代表団を率いてアメリカやロシアを訪問していた。18大会以後は常務副総長の章沁生が後任に選ばれる可能性もあったが、前述の失脚騒ぎでわからなくなった。

総後勤部長の廖錫龍も2012年には72歳、10年務めた部長を退職する。後任には前述のように総後勤部政治委員の劉源が昇格する可能性が高い。

海軍司令員の呉勝利大将も70歳で退職しなければならないが、後任候補として4人の名前が挙がっている。丁一平、徐洪猛（東海艦隊司令員）、蘇士亮（南海艦隊司令員）、孫建国（潜水艦隊戦闘長から副総長へ。大将に昇進したばかり）の4人である。

習近平の軍の統率方式は、若くて科学技術を持った優秀な人材で1960年代生まれの者を選んで幹部にし、上下を交流させて総部と軍部の意見の相違をなくして風通しを良くするやり方である。その方向性で18大会の人事配置は考えられている。

2011年7月には、元ミサイル軍副参謀長の王治民（習近平と同郷の陝西省出身）は中将に昇進した。そして広州軍区副司令員に就任した。これは、南海地区のミサイル部隊を強化し、広西省、柳州、韶関あたりに「長剣10」巡航ミサイル旅団を配置するためである。

元空軍副参謀長で空軍指揮学院の院長をしていた乙暁光（１９５８年、江蘇省生まれ）は南京軍区に異動させて、副司令員と空軍司令員を兼務させた。これは東南沿海における制空権を奪取する連合作戦を強化するためである。

習近平の軍部のコントロール法のひとつだが、このように幹部をスライドして交替させるやり方をするのである。

注目を集める次期軍事委員会副主席

解放軍の内部情報によれば、18大会での軍事委員会副主席については、総装備部長の常万全大将か、空軍司令員の許其亮大将のどちらかに決まるだろうとのことである。いずれも現在党中央軍事委員会の委員で、優秀である。

陸軍の常万全は２００８年に宇宙ロケット「神舟７号」の打ち上げを成功させた指揮官である。２０１２年には63歳で、党中央委員も務める予定である。習近平の信頼も厚いという。

空軍の許其亮も政治・軍事の両面で優秀であり、現軍事委員会副主席の徐才厚は、特に彼を称賛している。

しかし、中央軍事委員会副主席のポジションは、昔から陸軍のポストとなっていて、ほかの軍種は座れない。それを習近平が改革するのかどうか、内外の研究者は注視している。いずれ中央軍事委員会副主席のポストは、海軍、空軍、ミサイル軍が順番に担当するようになるのかもしれない。

習近平は「新しい毛沢東」か

習近平は中共独裁政治体制の統治について熟知しており、これまでは腐敗官僚のために政治改革が阻害されてきたということも知っている。しかし、9億人に医療も福祉も行き渡っていない国では、教育改革や医療改革を叫んでも無駄である。

共産党一党独裁の62年間に、人民の不満は爆発寸前にまで高まってきた。貧富の差は拡大し、ここ数年は、50人以上の抗議デモは年間10万件以上発生し、平均して3日に1回大事件が発生している。

警察官も1日1~2人が死傷し、警察署の襲撃事件は年間400件以上あり、負傷者は500~1000人といわれている。軍事費と警察の社会安定費だけが毎年増加しているのが現状である。

江沢民時代から腐敗は進み、息子の江綿恒は腎臓がんで2度の手術をして政治的に没落し、困り果てた江沢民は、習近平を国家副主席に担ぎ上げたのである。しかし、江沢民の路線を継承すれば国家は崩壊することになる。

中小企業は驚くほどの速度でバタバタと倒産し、失業者の増加も、物価の上昇も、農民が土地を失うのも、すべて比例して進んでいる。中共社会は今後5年間、共産党政府と貧窮する13億人民が対立するという矛盾国家になるだろう。

こうなってくると、習近平は国内問題を国際問題に転化するという伝統的な中共のやり方に従うことになる。対日圧力を強めることで軍内の強硬派と足並みをそろえて、尖閣諸島を奪取せねば中国の未来はないと軍事大国化のみを追求することになるだろう。

２０１１年7月下旬、習近平はチベットのラサに派遣され、「チベット解放60周年」の式典を指揮した。大勢の警察に守られ、私服警察官がチベット城を埋め尽くし、式典の壇上にはチベット人はひとりもいなかった。軍隊と警察が完全に封鎖したラサで、習近平は動いていたのである。

中国語メディアによれば、「習近平は、誰かが毒を混入するのが怖くて、飲料水や料理だけでなく風呂の水まで自分専用のものを持ち込んだ」とのことである。習近平は一般のチベット人とは一言も話さず、壇上で70分間、ダライ・ラマ攻撃と、チベットには大規模な兵力を配置する必要があるという話ばかりを強調したという。

中国人は習近平のことを「新しい毛沢東」と呼び始めた。彼は人民の生活には見向きもせず、国家の威信を国際的に強調し、影響力を増大させることだけしか頭にない。日本訪問時の尊大な態度によって日本人を敵に回している彼は、外交政策上は偏狭なナショナリストと認知されている。

彼は国家と人民が衝突する事態になれば、躊躇なく武装警察を出動させて人民を弾圧するであろう。

「新しい毛沢東」の時代になれば、日本の領土を略奪するという暴挙に出るのは疑問の余地がない。その時、日本はタフな外交交渉ができるのだろうか。それとも、解放軍が日本固有の領土に「五星紅旗」を立てるのを黙って見ているのだろうか。

第6章　軍部の台頭

危険な兆候――解放軍の政治介入

軍高官の政治的不満表明

ここ数年、解放軍の指導者たちが堂々と政治介入するようになった。内政だけでなく、外交についても強硬に関与し始めている。

２０１０年10月11日にベトナムのハノイで開かれたＡＳＥＡＮ（東南アジア諸国連合）拡大会議の防衛会議において、中国国防部長（中央軍事委員会副主席）梁光烈は、日本の北沢防衛大臣と会談を行なったが、尖閣諸島の領有問題にはいっさい言及させなかったし、自らも言及しなかった。

ところが、11月9日、梁光烈の命令で中国海軍海洋調査船「濱海512」（1964トン）が午後4時40分に鹿児島県奄美大島の西約390キロの日本のEEZ（排他的経済水域）を航行した。日本の海上保安庁との無線交信には、「前日から海洋調査を実施している」と回答している。第10管区海上保安本部によれば、その中国調査船は5本のケーブルを曳航していたとのこと。

10月15日には、中共党内会議において胡錦濤総書記の後継者として、軍事に精通している習近平国家副主席（党内序列6位）が最有力であるとして、中央軍事委員会副主席に任命された。共産党トップがどの程度の国益拡大を図っているのかは明確にされていないが、軍の方からは「外交問題」「軍事問題」「人権問題」に関しての強烈な発言が、外国に対してたびたび発信されている。いまは領土・領海に対する関心が異常に高まっている。

「明鏡ネット」の解放軍研究者は、「ここ数年解放軍の戦略思想家たちは過去にはない政治操作をするようになっている。1989年の天安門大虐殺事件の時には密室で決定されていたが、最近は書店で著書を販売したり、テレビなどで軍事評論をしたり、アメリカや日本を敵国だと表現したりして、表面的に大きな政治的外交的な圧力を使うようになっている」と語っている。

日本では知られていないが、解放軍系のネットには、「三軍論壇」「軍事論壇」「新浪軍事」「強国論壇」「網状軍事」「軍事天地」「網易軍事」「米爾軍事」など数十種あるが、その中では解放軍の有名学者と高級幹部たちが赤裸々に政治や外交への不満を語り合っている。

梁光烈も「中共外交が弱いから、沖縄を占領するチャンスを逃しているのだ」と強硬に主張している。

アジアを不安にする解放軍の台頭

現在の解放軍の中では、太子党の勢力が支配を強めてきた。国防大学防務学院院長・朱成虎少将（建軍の父・朱徳元帥の孫）、元防化学院院長・徐光裕少将、軍事科学学会副秘書長・羅援少将、空軍大校・戴旭、総参謀長・陳炳徳、副総参謀長・馬暁天、総参謀部・劉亜州などを筆頭に、「強硬派」は解放軍内の支配を高めている。２０１２年に習近平の時代になれば、その支配は一層強まるだろう。

軍は外交においても直接介入を繰り返している。２０１０年9月24日にシンガポールで日中の閣僚級会談が行なわれたときに、日本の外務副大臣が尖閣事件での中国人船長釈放などを発表して日本側の措置の正当性を主張したが、朱成虎少将はそれを徹底的に批判して国際的に注目を集めた。これほど日本に対して強硬なのは、前国務委員で外交部長だった唐家旋を凌ぐものだ。

２０１０年6月にシンガポールで米中会談が行なわれた時には、アメリカが台湾に武器を売却している問題について解放軍副総参謀長・馬暁天がアメリカのゲーツ国防長官に猛烈に噛みついた。

また、8月12日の米韓軍事演習について軍事科学学会副秘書長の羅援は、「私は攻撃されなければ戦わない。しかし、誰かが私を攻撃すれば全力で戦うことになる」とアメリカと韓国が「仮想敵」として中国に対抗していることに警告を発した。これは「解放軍報」で発表された。

9月には、解放軍のスポークスマンが、日中領土紛争の解決策として、尖閣諸島周辺に軍艦を派遣すると発表した。それに加えて、日本円の為替レートを上げて、日本の輸出企業を叩きのめすと発表した。

11月3日には、総参謀長・陳炳徳がドイツのグッテンベルク国防大臣と北京で会談し、「アメリカ政府がノルウェー政府を通じてノーベル委員会に圧力をかけて、劉暁波にノーベル平和賞を授与させた」と語った。

実はこの前日、グッテンベルク国防大臣が梁光烈国防部長と会談した時に中国の人権問題に触れ、「劉暁波の釈放とノーベル平和賞授賞式への出席を認めるべきだ」と語っていた。陳総参謀長は、この発言を根に持っていたのである。「アメリカ政府に反対する人物はテロリストと呼ばれるのに、中国政府に反対する人物にはノーベル平和賞が与えられるのか」と、激昂していた。

2011年3月から、南シナ海において米中間の対立が徐々に高まってきた。中共高層の2人の人物がアメリカに対し、「台湾、チベット、南シナ海の主権と領土の保全は、中共の核心的利害に関連している」と、公式に伝えている。

魚釣島上空を監視飛行する海上自衛隊の対潜哨戒機P-3C。僚機より撮影

中共内部での権力闘争についてワシントンポストは長い論説を発表したが、その中で「中国は最近の外交政策決定過程において、利権集団が勢力争いを展開している。これは次世代の解放軍首脳や党中央、国務院所属部門や国営企業および官製メディアが、それぞれに中国の外交政策のリーダーシップを取りたいという現われである」と書いている。

中共外交部が、これまでになく日本に対して強硬な態度を示しているのは、解放軍の梁光烈や馬暁天などの指導者たちが原因になっている。

9月8日に中共政府機関の代表者が召集され「対日工作会議」が開催され、対日強硬派の筆頭とされる馬暁天将軍は、「釣魚島（日本名・魚釣島）と春暁（ガス田、日本名・白樺）を軍事力で奪還すべきだ」と檄を飛ばした。これを受けて9月中旬、春暁ガス田の洋上施設に掘削用ドリルが運び込まれ、試掘が始まった。これは中央の決定事項ではなく、梁光烈と馬暁天の

「独断命令」によって行なわれたものである。これは中南海の権力闘争の危険な兆候である。軍事委員会主席であっても黙認せざるを得ないものだった。

日本はいまだに「対中ODA（政府開発援助）」に代わるものとして「経済・技術援助」を続けているが、中共の対日強硬派がこれほど強い勢力だとは気付いていないだろう。香港の学者・武宣三が、「このままでは、日本は本当に中国の32番目の省になるだろう。数年前から解放軍は表舞台に登場してきた。これは世界に対して危険信号を発していることである。軍の中の太子党勢力は世論操作をして民意を誘導し、国の政治に干渉し続ける。世界に対する直接破壊工作にまで進むかもしれないのである」と語っている。

「胡錦濤主席も釣魚島に上陸すべきだ」と軍の声

２０１０年3月から北海艦隊は海岸線を北から南へ走り、東海艦隊は沖縄に向かって一直線に走った。両艦隊は宮古島周辺海域で合流し、そこを解放軍の演習場であるかのごとく軍事演習を行なった。

対日強硬派の軍指導者たちの行為に対して、台湾メディアは批判などは発表せず、逆に「解放軍は台湾の保護者だ」とまで言う始末だった。日本のメディアは解放軍の無法な行為の映像を流し、抗議の姿勢を打ち出しはしたが、それ以上のことはしなかった。

それに安心したように、解放軍の軍艦や調査船は遠慮なく日本の領海を侵犯し始めた。11月

９日には、前述のように中国海洋調査船１隻が奄美大島の西３９０キロの日本の排他的経済水域を３時間にわたって悠々と航行した。鹿児島のテレビ局は驚いてその映像を流したが、このような挑発行為、侮辱行為によって日本の主権を侵害することも、胡錦濤は黙認している。

解放軍の指導者たちが強硬な姿勢を取り続けるのは、軍事費アップの要求であると同時に、国内の矛盾・対立を「反日」に転化するためのものである。

メディア監視の中央宣伝部の影響も、ある程度「外交政策の不一致」を誘発している。中央宣伝部は現在、軍の声を「政府系メディアは積極的に外国に向けて流せ」と命令している。

11月11日に「中国民間保釣連合会」は、「胡錦濤主席もロシア大統領を見習って釣魚島に上陸せよ」との声明を発表した。「民間」と付いているが、組織内部には多数の退役軍人を抱えている。

その声明の中に、「２０１０年９月７日に日本は、わが国の領海である釣魚島周辺海域において我が国の漁船に激突し、乗組員を逮捕した。日本は再びわが国を滅亡させる野心を剥き出しにし始めた。日本はこの１００年間にわが民族に対して行なった侵略・凌辱・虐殺を謝罪することなく、前にもまして激しい侵略戦争を仕掛けてきたのである」と訴えている。

この「民間」組織は、軍の指示で成り立っている。だから、胡錦濤や温家宝に対しても厳しい意見や批判を言える。胡錦濤が本当に中共の実権を握っているのかどうか外部からはうかがい知れない。ただ、９人の常務委員のうち５人が「江沢民派」と言われている。

解放軍の度重なる政治介入は、中央の権力闘争の一局面であるが、これによって曲げられた外交路線は、アジアに一層の不安定さを誘発する。

胡錦濤はAPECの非公式首脳会談に出席する前夜、中国民間保釣連合会のアピール文書に署名している。そのアピールには、日本が中国領海を侵犯しているのは宣戦布告に等しく、中国は我慢の限界である、と書かれていて、対日強硬路線を貫き、日本との外交合意はすべて破棄するべきだと主張している。

「人民政府、人民解放軍、人民領袖は人民が育てたものである。中華民族の危機的状況にあって、国家主権を守り日本と戦うのは人民の義務であり権利である」という呼びかけ書には、「解放軍は即刻出兵して釣魚島を奪還せよ」「胡錦濤主席は中華民族の熱意と希望を実現するために釣魚島に上陸せよ」「東シナ海に関しての日中合意を破棄せよ」「ロシア大統領を見習って釣魚島に上陸せよ」と厳しい要求が列記されている。これは北京や河北省など10人の保釣者が起草したものである。

「銃口が党を支配する」時代の到来

解放軍のトップが頻繁に政治介入し、権力闘争によって混乱する中国は世界的に注目されている。胡錦濤が指導する「文民政府」には、果たして解放軍強硬派を掌握する能力があるのだろうか。

中国では核心的利益でさえも軍が定めているとのアメリカの専門家の話がある。その専門家は「中国の文民政府はアメリカと交渉する時に、南シナ海の権益を主張したことはなかった。しかし、解放軍はアメリカに対して、南シナ海は中国の核心的利益だと主張する」と言っている。沖縄に対しても、同様の主張をするだろう。

中国の危険な兆候は、「銃口で党を指導する」ようになることだ。軍が党を支配するという危惧である。

２０１０年11月10日、中国共産党機関紙「人民日報」と、国際問題専門紙「環球時報」のアンケート調査の結果が出ている。「日本および周辺国との領土問題に関心があるか」という質問には、59パーセントが「非常にある」、29パーセントが「ある」、６・９パーセントが「余りない」、４パーセントが「ない」、１・１パーセントが「どちらでもない」だった。

中国の若者たちが、中共解放軍の戦争狂たちの教育を受けてきた結果である。それは２００５年や２０１０年の反日デモの時の若者たちの暴力性にも表われている。

解放軍強硬派の梁光烈や朱成虎などの対日姿勢は、尖閣諸島やガス田周辺海域に海軍海洋調査船10隻以上を集結させ、海軍艦艇を展開することからもわかるように、解放軍の軍事費を増額するための方便のひとつになっている。さらに、温家宝に対する攻撃の意味も込められている。

現在の解放軍には、無理に台湾に侵攻しなければならない理由がない。日本は中国に対して弱腰だということから、ここ数年、尖閣諸島やガス田で挑発し、東海艦隊には対日臨戦態勢をとらせている。(ガス田は、解放軍が始めた事業。参謀本部の梁光烈や馬暁天ら戦略担当が実質支配している)

ところが、解放軍海軍の実力は日本の海上自衛隊よりも低い。つまり、海軍による対日作戦は簡単ではない。そこで、経済移民を利用した平和日本の占領作戦が進められている。

東京にいる筆者の友人の話によれば、中共の記者と一緒に酒を飲んだ時、「沖縄のことよりも、あと数年で北海道が中国の領土になる。少なくとも70~100万人の移民計画がある。沖縄にはアメリカ軍がいるので難しいが、北海道なら開発政策で簡単だ」と笑っていたそうである。

解放軍の金持ちたちは、これから北海道の森林や不動産や水源地を買い漁り、会社を経営して中国人移民を使い、開発事業を進めるのである。日本人は、北海道も売り払うつもりであろうか。

アメリカでは中国人や中国企業による投資は全面禁止とされている。日本政府も日本人も早く目を覚まして、中共や中国人の関係する対日投資を規制する法律を早急に作らねばならない。

中国は毛沢東時代、「ピンポン外交」「パンダ外交」だった。鄧小平時代には、「移民外交」「経済貿易外交」になった。江沢民時代になって、世界中の資源を買い漁る「発注外交」になったと言われている。それが胡錦濤時代に入ると、中国の周辺領土を侵略し資源を略奪する

「侵略外交」になった。

中国は天然資源の多くを食いつぶし、水も、石炭も、森林もなくなりつつある。いま解放軍の最大の武器は、「13億人民」だと言われている。そうなれば、軍は協調して対日作戦を発動するだろう。「魚釣島を奪還せよ」「ガス田を奪還せよ」と、軍事行動をとる日も遠くないかもしれない。

軍が主導する「レアアース戦争」の内幕

外交政策に介入する軍当局

中国の軍当局が主張したと言われるレアアース（希土類）の輸出制限政策は、日中間の摩擦をさらに１歩激化させると同時に、北京の権力構造に変化をもたらし、さらには南シナ海の核戦争の危機を増大させたとの論までがささやかれている。

解放軍当局が外交政策に力ずくで介入したのは、中国の政治状況では目新しい出来事である。既得権益の侵害であるという点から、外交機関は陰ながら不安を示し、産声を上げてまだ間もない「公共外交派」などは、声を上げて反対している。

たとえば、元駐仏大使の呉建民は、非公式な場では何度も、軍当局が外交政策に干渉するやり方を批判している。全国政治協商会議外事委員会主任・趙啓正は、呉建民の現職の上司であるが、彼は呉の理性的外交および公共外交という考え方を支持している。

だがその公共外交派も、外交政策についてそれほどはっきりした考え方を持っているわけではなく、軍当局からは、在外同胞の力を借りて中央から金をもらっているとの指摘されている。そんなわけで公共外交派は軍の外交分権勢力には対抗できないでいる。

しかし、２０１０年10月下旬の政治局常務会議でレアアースの輸出制限政策が引き起こした国際的批判にいかに対応すべきか討議したさい、温家宝は、この問題に関わる外交政策には「統一的な原則」が必要であると強調したのである。

温家宝が態度を決めたことにより、中国は10月27日にレアアースの輸出制限を解除したが、その中心になったのは9月中旬の日本向け輸出禁止措置の取り消しだった。（２０１０年9月7日に起きた尖閣諸島沖の中国漁船による海保巡視船体当たり事件後、中国は日本向けのレアアース輸出を禁止、さらに日本以外の各国への輸出も制限していた）

軍の反米抗日のよりどころ

日本への輸出禁止措置の解除は、軍当局が心から納得して譲歩したものではなかった。彼らには具体的な措置という点で外交や貿易に干渉する手段がなかったのである。

では、なぜ軍当局は外交政策に対する「発言権」を持っているのだろうか。

中国共産党の権力中枢部では、異なる利益集団が利益の山分けを行なうため、小組織による合作という方式で仕事が進められている。

たとえば、温家宝は党中央財政経済工作小組の組長（副組長は李克強。メンバーは13人）であり、関係する経済面の部局の長はその小組のメンバーが任じられている。そういうわけで、中央銀行、財政部、証券監督管理委員会などの組織は、そのひとつひとつが、この中央財政経済工作小組の下に連なる「各課」ということになる。

同じ理屈で、胡錦濤を組長とし、習近平を副組長とする党中央外事工作指導小組（メンバーは16人）には、外交部、軍当局、文化宣伝部門がその「各課」として連なっており、国防部長・梁光烈と副総参謀長・馬暁天も同小組のメンバーとなっているのである。一時、馬が盛んに「反米抗日」を叫んでいたのには、そういう権力のよりどころがあったわけである。

中共はずっと、行政改革の中で「党と政府を分かつこと」を推進する必要があると言い立てているが、しかし、その最高権力の中核は「党と政府は不可分のものであり、党が政府を統治している」という状況にほかならない。

軍当局は、温家宝に抑えられることに甘んじてはいなかった。レアアースの輸出制限が解除された後、彼らは打つ手を変え、外事工作指導小組のメンバーでもない人民解放軍総参謀長・陳炳徳を外交の場に引っ張り出してきたのである。

陳は国防部長という身分で（本当の国防部長は梁光烈）ドイツ連邦のグッテンベルク国防大

臣と会見し、西側諸国の人権政策や中国に対する軽視政策をおおっぴらに攻撃した。この突然の出来事に外国メディアは仰天し、「これは、がさつな軍人が外交の礼儀をわきまえずに犯した失言などというものではなく、意図的に準備された政治的パフォーマンスである」と報道した。

いよいよ高まる劉亜州の地位

ある外交研究機関の報告書は次のように指摘している。

「中国の大国外交という目標に対する外交政策についての内部の意見対立は、いっそう深刻なものとなっている。なかでもレアアース政策においては、外交・商務・安全の諸部門の間に基本的な意見の一致が見られず、そのため中国はビジネス上の信用を失ったばかりか、国際的な発言権も喪失した」

この報告書の論調はかなり控えめで、軍当局が中国の国際的な発言権にまで影響を及ぼしていることの責任には触れていない。しかし、この報告書の支持があったからこそ、温家宝は10月下旬にやっとその態度を明らかにし、日本や欧州に対するレアアースの輸出制限政策の撤廃を認めるよう中央外事工作指導小組に求めたのである。

日中両国の関係が尖閣諸島沖での中国漁船衝突事件によって悪化したことは、中国側にとってはその表向きの強硬な態度とは裏腹に、直視したくないようなできごとだった。一方、日本側はこの事件を天与の好機と捉え、日米の軍事同盟関係強化に力を注いでいる。

こうして日本は、中国のレアアース輸出制限政策について、「中国はレアアースを外交の道具にしている」と表現している。

そして中国が尖閣諸島問題に関する態度を軟化させると、日本は国際社会に向けて、「尖閣諸島は日本固有の領土であり、領有問題は存在しない」と明確にアピールした。日本は、かつて周恩来と鄧小平が日本に提出した「尖閣諸島の領有問題は一時棚上げする」という折衷案を全面的に否定している。

周恩来と鄧小平の外交スタイルが侮辱を受けたことで、中国の軍当局はかんかんに怒ったが、そうかといって日中関係をさらに悪化させる勇気はなかった。

そういうわけで、国内の論調を軟化させる一方、軍当局は外交人事の候補とする人物を胡錦濤に推薦した。その人物とは、国内には政治の民主化を求め、また対外的にはアメリカへの威嚇を求める主張を政治的姿勢としている劉亜州（空軍中将、国防大学政治委員。劉建徳将軍の息子で元国家主席・李先念の娘婿。太子党の主要人物のひとりで、小説家としても知られる）

国防大学政治委員
劉亜州空軍中将

信頼できる情報によると、中共第18回全国代表大会が開かれれば、劉亜州はあるいは国防部長の任に就くかもしれないし、あるいは軍人から転じて外交部長になるかもしれないという。

権貴集団が狙う四川省のレアアース資源

現在のところ、調査により明らかになっている中国のレアアース埋蔵量は、世界の埋蔵量の3分の1以上。また、採掘量（生産量）は、世界の90パーセントであるが、2030年までにはすべて採掘しつくされると見られている。

そのため中国では、日本やヨーロッパ各国のようにレアアースのリサイクルを図っているが、これが廃棄された電気器具からレアアースを取り出す民間の「レアアース精錬市場」を生むことになった。

その一方で中国は、積極的な対外投資を行ない、モンゴルはじめ国外からレアアース資源を得ようとしている。これは戦略的な備蓄政策でもあるが、この動きが大きくなりすぎれば、今以上に国際社会の不満を呼び起こすことは必定である。

また、国内の権貴集団は現在すでに、レアアース開発の分野に強力に介入する準備を進めているが、それを可能にする必要条件というのが、軍当局の後ろ盾にほかならない。

レアアースが誘発した国際的な経済貿易摩擦が終息したばかりだというのに、今度は中国国内の権貴集団による内部抗争が水面下で始まっている。第三世代の太子党の中には、明らかに軍を後ろ盾として、レアアース資源が豊富と言われる四川省への進出計画を積極的に準備している者たちもいる。いずれ四川省の党と政府の高級レベルの職務に、大規模な人事異動があると見られている。

中国武装警察が国防軍に昇格した裏事情

党と国家による「二重指導」

中国の人民武装警察部隊の制服には、「八一」のマークが付けられている。帽子には「正紅旗」の国章も付けられている。これは、武装警察が正規軍であることを表わしている。公安警察の帽子には銀白色のマークがあり、これは国家警察であることの証明である。１９９５年までは公安警察と武装警察は分離されていなかった。１９８２年までは解放軍の体制内に組み込まれていたものが、徐々に時代に合わせて変化してきている。現在は野戦軍部隊も増設され、「正大軍区級」に昇格している。

森林・黄金・水力発電・交通という4種の国家戦略工程部隊についても、武装警察部隊総部が主宰・指導している。また、国務院と関係する部門は、戦略工程部隊と連携しながら国家任務を遂行することとなっている。

例を挙げれば、天路や三峡の森林開発、国内外の黄金鉱山資源の採掘などの「儲かる仕事」を担当しているのが武装警察なのである。中共中央が武装警察をいかに重要視しているかの証左である。

武装警察が中共に忠誠を誓っている代表格として、国防軍として昇格する名誉が与えられ、党と国家による「二重指導」の栄誉を受けている。

しかし実際には、武装警察は中共の直轄部隊なのである。1990年代に江沢民が武装警察を強化し続けたために、解放軍と共同で「民族の偉大な重責を担う」存在になっている。

中国の情報源によれば、武装警察が国内の犯罪者や反政府デモに対応する従来の姿から、「日本の自衛隊と戦闘する」ことが目的に変わりつつあるとのことである。解放軍だけが自衛隊と戦闘するのではなく、武装警察までが自衛隊と戦闘する部隊となっているのである。

中国公安部では、自前で完全にコントロールできる武装警察部隊の新設を求めている。武装警察法などの根拠法によれば、武装警察部隊は党の部隊であるために地方政府などは指導・介入が不可能になっている。公安は武装警察の第一政治委員会を兼ねているが、協力関係にあるというだけにしかすぎない。

武装警察の前途を占えば、「対日戦争」によって中華の名誉を守護するための存在になると言われている。2013年には武装警察による航空機の試験飛行も計画されており、解放軍とは別の戦闘力を武装警察として保有する。

150万人といわれる武装警察部隊にミサイル軍が協力し、沖縄で「日中戦争」の火ぶたが切って落とされる日も近いのかもしれない。

武装警察黄金指揮部の麾下部隊は、中国全土で金や重金属などの鉱脈を探索している

世界唯一の「黄金採掘軍」

１９７９年に１万人余りで結成された武装警察であるが、それが黄金を採掘するという世界で唯一の軍隊となっている。２０１０年までに武装警察が発見した金鉱は、26の省の46ヵ所。採掘した黄金は、合計２２６９トンにのぼっている。

これは最近の報道で明らかになったもので、黄金・重金属などの鉱山開発を目的とした武装警察「黄金指揮部」の存在が発表されたのである。

２０１１年１月21日の「博訊」の報道によれば、現在の中国はインドと並んで世界最大の金の輸入国であるが、じつは中国は２００７年に南アフリカを抜いて、世界最大の金の産出国になっているのである。

武装警察「黄金指揮部」は北京で記者会見を開き、１万人余りの部隊が甘粛省、内蒙古、雲南省、河南省、黒龍江省、ウイグルなどの地区で新たに金・稀少金属鉱脈を発見と発表。

５月21日には、ウイグルで発見した金鉱脈は26トンの金を産出、40億人民元の利益をもたらし、これは20年来で最大の金鉱脈だと発表している。

記者会見した武装警察黄金指揮部主任の周鎮海少将は、「わが国は、新発見の鉱脈から110トンの金、400トンの銀、20万トンの銅、10万5000トンのタングステンを産出する」との見積もりを発表している。

また、2006年から2010年までの間に619トンの金、479トンの銀、40万トンの銅、31万トンのタングステンを発見したことも発表した。

黄金指揮部が甘粛省文県で発見した金鉱脈は、いままでに325トンの金を産出しており、この鉱脈はアジア最大・世界第6位だと周鎮海は胸を叩く。「黄金指揮部は1979年に成立し、隊員1万人は軍事訓練と地理・物理・科学・化学・自然に対する分析能力と知識を身に付けている」と豪語している。

黄金指揮部はなぜ生まれたか

毛沢東の文化大革命後期、中共経済が崩壊する寸前に入院した周恩来首相は、見舞いに来た王震副総理に対し「あなたは金鉱脈を探してくれ」と依頼した。王震は「解放軍の部隊に命じて金鉱脈を探させる」と約束している。これが、解放軍の特殊部隊として「黄金部隊」が誕生するきっかけとなった。

文化大革命から10年がたち、改革開放が始まった1978年、国家には資金も知識人もいない状態で、もちろん外貨のドルも持っていなかった。鄧小平は金鉱脈を探すことに国家の将来を託し、この重大任務を王震に任せることにした。

なにしろ中華人民共和国が誕生した１９４９年以降の金の産出量は、年平均４・５トンしかなかったのである。１９０１年の中国における金産出量が４・５１トンだったので、毛沢東の時代には金の産出量は非常に少なかったのである。

「黄金部隊」を編制して金鉱脈を探させるというプランは、王震の頭にずっとあった。毛沢東の文化大革命時代には、まだ条件が整っていなかったが、鄧小平の時代になり、条件は満たされたと王震は判断した。

しかし、地質学者の意見を聴取したところ、専門知識を持つ技術者が不足していることがわかった。１９７９年１月、王震と谷牧は冶金工業部に命じて、「基建工程兵地質支隊的報告」を提出させた。

党中央軍事委員会と国務院は、時節到来と判断して決定を下した。３月７日に連合で国家建設委員会と冶金部に「基建工程兵」に関する命令を出した。

そして、「黄金地質の調査と掘削を強化し、急速に発展させる」という同意を得て、人民解放軍の「基本建設工程兵黄金部隊」を特殊部隊として成立させ、ここに「黄金部隊」が誕生したのである。

中国がジンバブエでやっていること

世界中の資源を狙っている人民解放軍

2010年のイギリスの報道によれば、人民解放軍とアフリカ・ジンバブエのムガベ大統領が結託して、世界最大のダイヤモンド鉱山を独占するとのこと。ここで産出されるダイヤは「血のダイヤ」と呼ばれているが、これはダイヤをめぐる血なまぐさい事件が多発していることを指している。

ダイヤによって、ジンバブエは巨大な経済的利益を得ている。その利益が巨大であるほど血なまぐさい問題は続く。ダイヤをめぐる武力衝突が余りにも多いため、国際社会はジンバブエとのダイヤ貿易を認めなかった。ところが、これに真っ向から反対し、中国はジンバブエとのダイヤ貿易を独占的に開始したのである。

イギリスのデイリーテレグラフは、「解放軍の専門家は、ジンバブエのマランキル鉱区をムガベ大統領の親族と一緒に開発し、解放軍は投資に対する利益を確実に入手できると語っている。中国の大型貨物機は1週間に2回、ダイヤの原石を中国に運んだ。中国からジンバブエに引き返す飛行機には、ダイヤの代金として武器が満載されていた。中国共産党とジンバブエ大統領は秘密協定を結び、同国最大のマランキル鉱区を略奪することになっている。同鉱区の埋蔵量は世界の25パーセントを占めると言われており、その価値は８０００億ポンドにのぼる」と、報道している。

独裁者との秘密協定

ジンバブエの高級情報官からの情報として、「中国とジンバブエの秘密協定には、北京から武器を提供し、ダイヤの原石と交換することが書かれている。解放軍の協力が得られなければ、ジンバブエ政府はとっくに崩壊していた」との報道がある。（香港「開放」２０１０年10月号）

また、「ジンバブエの軍や情報部の担当者が、中国で拷問の技術訓練を受けた。たとえば、普通の市民の射殺方法、軍用犬に人を噛み殺させる方法、有効な強姦の方法、子供に対する暴行の方法などである。ジンバブエのジャーナリストによれば、ムガベ大統領の側近たちは北朝鮮と中国の南京軍区で訓練されている」とも書かれている。

資源にしろ領土にしろ、中国はそれを手に入れるためなら国際常識に反する行為を平気で犯す。中国がジンバブエで何をしているのか知れば、日本人も中共に対する考え方が少しは変わってくれるだろうか。

第7章　覇権戦略の脅威

国防部長・梁光烈が狙う軍事覇権

日本の中小企業を中国へ呼び込め

東日本大震災の後、日本貿易振興機構（JETRO）が中国側と申し合わせて、日本の中小企業や自動車部品製造業を中国に多数進出させている。

すでに数十社が中国企業との合弁契約をまとめているという。また、江蘇省丹陽の招商局（外国企業誘致局）は、同地に整備中の工業団地に日本の部品工業企業の一大基地を建設しようと、投資を呼びかけている。

一方、2011年6月には、広東省東莞市の日本企業で労働者2000人のデモが起こり、人事労働管理や賃金の問題訴えた。これは自由アジア放送が報道したが、日本のマスコミは報じなかった。

じつは現在の中国では、人件費や光熱費の高騰で企業経営が成り立たなくなっており、２０１１年６月までに中小企業７万社が倒産している。しかし、ＪＥＴＲＯや親中派経済人の工作により自分たちの利益にならない真実の情報は報道規制されているのだ。

日本の中小企業が中国に進出して金儲けが出来るのなら、中国の中小企業が数万社も倒産しているはずがないだろう。中共とすれば、日本の基幹産業の基礎を支えている中小企業を呼び込み、賃金と技術を吸い上げたあとで倒産させ、日本経済を弱体化させるのが目的なのである。「中国に依存しなければ」というデマをまき散らすのは、親中派の政治家や経済人の役目である。御用マスコミがその片棒をかつぎ、中共の利益が日本の不利益に直結するのである。

これは台湾に対する謀略と同じである。その台湾に対して、中国国防部長の梁光烈大将は、「３日で落とせる」と豪語している。

人民の怒りの矛先を日本へ

香港「明報」の記事によれば、２０１１年6月18日朝、人民解放軍の香港駐屯部隊の現役・退役軍人の家族ら１００人余りが香港駐屯軍基地にデモをかけた。

基地前で「軍の高官はわれわれの家屋をとるな！」という横断幕を広げたが、すぐに基地から十数人の兵士が飛びだして、横断幕やプラカードを取り上げたという。「退役軍人の住居の保障」という規定の中に、主要団級以上の軍人の家族には国家標準による家屋を与えると決められている。つまり、高官・幹部だけは国家が保障するのであり、それ以下には、何もないのである。

退役軍人たちの怒りは、南部だけではなく北部にもある。6月13日に北京国家鉄道部の前で北京上海高速鉄道の開通式が行なわれ、記者会見が開かれていた。そこに黒龍江省から来た退役軍人と家族100人余りが押しかけ、ハルピン鉄道局から不法解雇されたと抗議を始め、警備の警官らと衝突した。

この退役軍人には若い男や中年女性もおり、記者会見の最中に一団となって突進してきたようだ。その後を追いかける私服警察官が殴りかかり、怪我人も出て現場は大混乱になったらしい。このニュースは台湾中央通信日報通信社が報道した。

各地で農民・労働者・退役軍人たちが暴動を起こすことで、中国の治安は崩壊する。中国社会科学院によれば、2006年に6万件だった暴動事件は翌年には8万件に増加し、今では年間1000万件である。

公務員の不正、環境汚染、給料未払い、土地の押収など理由はさまざまだが、暴動は地方政府の事務所焼き討ちや焼身自殺に発展し、どんどん過激になりつつある。2011年6月10日の広州暴動（露天商の妊婦に治安当局者が暴力を振るったのがきっかけで、1万人規模の暴動に発展した）だけではなく、全国で同じことが起こっているのである。これは中国社会が崩壊する兆しであり、民衆の怒りは沸点を超えた。

中共は民衆の怒りの矛先を、日本・台湾・ベトナムに転嫁しようとしている。２０１０年10月8日の「環球時報」（人民日報系）は、「中国は沖縄独立運動を支持すべきだ」という論文記事を掲載している。

この論文を書いたのは、商務部研究院の日本問題専門家の唐淳風だが、「沖縄の米軍基地問題をめぐって日本政府と沖縄住民の対立が深刻化しており、沖縄独立の気運が高まっている」と書いている。この論文は、「校園内外軍事」「中華網社区」「club china com」などが転載している。その題名は、「梁光烈は軍事大変革を指導して解放軍を立て直し、沖縄群島を取り戻すのだ」というものになっている。

梁光烈の軍事大変革とは何か

２００８年3月に梁光烈は国務委員になると同時に国防部長を兼務した。作戦指揮と管理を、郭伯雄の主宰する軍事委員会に協力するというかたちだった。

梁光烈は、郭伯雄と徐才厚の2人の指導グループを作り、3人で「トロイカ体制」を完成させた。国防部は実力を取り戻し、国務院と同じレベルになった。軍の内部事情に詳しい筆者の友人によれば、国境部隊や省軍区部隊を国防部直轄にしたことで、力がアップしたとのことである。

毛沢東、朱徳、周恩来の建国初期の軍事委員会規定は取り消され、それはつまり、軍中から毛沢東思想を排除することにつながっている。党が軍を指揮するという方針は変わらないが、人民解放軍が「国軍」ではなく「党軍」だという形は崩壊する可能性もある。

国防部は軍の日常を管理し、最高層の中央軍事委員会は軍の政策を決定する。国防部は傘下に総参謀部、総政治部、総後勤部を設立した。

梁光烈（1940年生まれ）は、1997年から朝鮮半島第一線の瀋陽軍区司令員、1999年から台湾最前線の南京軍区司令員を歴任した。（1989年6月の天安門事件では、学生大虐殺の指揮をとっている）

南京軍区司令員として軍区の大改革を断行、それから3軍合同演習というのが普通のこととなった。その後も、軍事委員会に対して、パラシュート部隊の15軍の指揮権を、広州軍区から南京軍区に変更させた。また、2000年には台湾侵攻を計画したが、党中央と意見が対立し、けっきょく台湾攻撃は実行されなかった。

2002年に中央軍事委員会委員・解放軍総参謀長となった梁は、総参謀部の大改革を行なった。2004年には南海艦隊司令員・呉勝利（現海軍司令員、党中央軍事委員会委員）と瀋陽軍区空軍司令員・許其亮（現空軍司令員、党中央軍事委員会委員）を総参謀部に副参謀長として加入させ、海軍・空軍・ミサイル軍の副参謀長を総参謀部作戦部の副部長として加入させた。

作戦部傘下の各局も一本化された。

この改革によって、総参謀部の指揮下に「3軍合同体制」が確立した。

2008年3月、梁光烈は国務委員と国防部長を兼務することで、軍事委員会の指導者となった。党中央軍事委員会主席・胡錦濤の下で、陸軍部・海軍部・空軍部の参謀部連合会を成立させ、それを総参謀部に組み込んだ。

軍事ネットに流れている情報では、梁光烈は現在の7大軍区を5大軍区に集約することを考えているようだ。

「東部戦略区」として南京軍区・東海艦隊・南京空軍をまとめ、「西部戦略区」として蘭州軍区・成都軍区の空軍をまとめる。「北方戦略区」には瀋陽軍区・北京軍区・内蒙古瀋陽空軍をまとめ、「南方戦略区」には広州軍区・広東軍区・広西軍区・海南軍区・成都軍区・雲南軍区・貴州軍区・南海艦隊・広州空軍・雲南空軍をまとめる。さらに「中央戦略区」として北京軍区・済南軍区・湖北北京済南空軍・北海艦隊・パラシュート部隊15軍をまとめるという壮大な計画のようだ。

海軍司令員
呉勝利大将

陸軍は師団が作戦単位だが、そこに海軍・空軍・ミサイル軍を合流させて作戦単位とするようである。この計画には賛成するものも多いという。

ただ、もしこの大改革を進めるなら、少なくとも解放軍は70万人の兵士をリストラしなければならなくなる。これは大きな問題になろう。

梁光烈の沖縄に対する基本姿勢

香港の学者によれば、梁光烈の今後の目標は、「沖縄群島を日本から奪還する」ということらしい。まず彼の以前のスピーチを紹介しよう。

「世界の強国になり、地域の強国になるには、海軍力の強化が不可欠だ。強力な海軍力で沖縄を奪い取り、そこから台湾を奪い取り、それから朝鮮半島を奪い取って完全支配する」

梁光烈は真剣にこのように考えており、東海艦隊には「沖縄先制攻撃権」を与えている。中国艦隊が何度も沖縄近海を通過して演習しているのは、日本の自衛隊に対する威嚇と挑発である。彼が軍事委員会に入ってから、軍事演習の回数も増し、3軍の合同演習も増加している。

アメリカ太平洋艦隊司令官と会談した2005年、梁光烈は、「中国が2~3隻の空母を持てば、どんな相手も消滅させてみせる」と豪語している。また、「朝鮮半島と沖縄群島の支配権を握らなければ、中国はアメリカに負けてしまう」とも語っている。

その後、在日アメリカ海軍の横須賀基地に停泊する空母を攻撃するシミュレーションのために中国の潜水艦は何度も日本領海内に潜入している。在日アメリカ軍の沖縄基地が県外に移転するようなことがあれば、人民解放軍はただちに沖縄を占領するだろう。

軍内部からの情報では、2010年9月7日に尖閣諸島近くで海上保安庁の巡視船に激突し

ドック型輸送揚陸艦071型の１番艦「崑崙山」。搭載のエアクッション揚陸艇が接近中

た中国偽装漁船の船長らが石垣島に拘留されたさい、梁光烈は、「特殊部隊を派遣して船長を奪還し、東海艦隊を釣魚島に派遣して占領する」という計画を立てたそうだ。その提案を受けて温家宝首相は、「24時間以内に不当逮捕した船長を釈放するように国連に働きかける」と約束した。

中国のネットには、「温家宝首相と梁光烈の強硬姿勢に恐れをなした日本側は、無条件で人質を釈放した」と書かれていた。

核兵器先制使用を明言、国際紛争解決は軍事力で

梁光烈は中央軍事委員会の席で、「必要があるのなら、いつでも第二次朝鮮戦争を開始する。アメリカが韓国や沖縄を守るためにわが国に立ち向かうなら、核兵器で先制攻撃する」と豪語している。この発言は、軍事委員会の公式の席での国防部長による「対米戦争での核兵器先制使用宣言」であり、「第二次朝鮮戦争は中国の意志で開戦する」という了解事項である。

中国ではヘリコプターとエアクッション揚陸艇を運用するドック型輸送揚陸艦０７１型を建造中で、現在2番艦までが就役、３番艦

2012年３月16日、尖閣諸島の領海を侵犯した海監総隊の海洋調査船「海監50」。後方は海上保安庁の巡視船

も２０１１年９月に進水している。２０１５年前後には、国産の５〜６万トンの通常型空母を建造し、２０２０年前後には原子力空母を建造するという。そうしてアジア各国から、軍事力で資源を奪取しようというのだ。

　解放軍ミサイル軍は、尖閣諸島沖の衝突事件直後から、以前は台湾に向けていた山東などの１０００基のミサイル（ＤＦ−11、15短距離弾道ミサイル）を在日アメリカ軍基地に向けている。また２００８年から配備している５００基の中距離弾道ミサイルも、60パーセントに核弾頭を装備して沖縄に照準を合わせている。

　海洋強国になろうとしている中国は、２０１１年６月17日の「中国日報英文版」で、「中国海監総隊は２０２０年までに隊員１万５０００人、航空機16機、船舶３６０隻の体制を確立する」としている。

中国海監総隊は国家海洋局の所属で、１９９８年に成立している。機構は、中国海監海区総隊・沿岸省市区総隊・所属大隊支隊で組織されている。１０４個支隊と２０６大隊があり、現在の隊員は９０００人である。現在、船舶２６０隻、車両２８０両、航空機９機を擁しているが、２０１０年から１０００トンクラスの船舶36隻と、高速艇54隻を建造中で、海洋覇権を確立するために装備・武器を増強中である。

尖閣諸島にしても南沙諸島にしても、中国は国際紛争を解決するのに軍事力で押し切るのだ、という態度を見せている。２０１１年６月初旬には、広州軍区に所属する部隊が、南沙諸島を数百機の航空機で封鎖する軍事演習が行なわれた。空母が配備されれば、邪悪な侵略戦争に踏み切るに違いない。

米ロとの力くらべを図る冒険主義の危険

最近の解放軍の傲慢さは、アメリカやロシアと力くらべをしようとする「冒険主義」を生み出した。２００６年２月中旬には、ミサイル軍の弾道ミサイル列車を公表、さらに２００７年春節前には、弾道ミサイル列車の発射機、指揮車両、運搬車両を公開し、テレビ会議をしながら発射ボタンを押すところまで見せた。

このミサイル列車は中国の鉄道車両と変わらぬ外観で緑色に塗装されている。６～８両で編成され、射程１万キロの大陸間弾道ミサイルＤＦ－31でアメリカやロシアを狙っているのである。

このミサイル列車は、旧ソ連のSS‐24弾道ミサイル列車と酷似しており、「陸上の原潜」と呼ばれている。中国はこのような時代遅れの核列車をつくることで、アメリカやロシアを脅迫できると思いこんでいるのだ。世界が軍事費削減に努めている最中に、アメリカやロシアと力くらべをしようとする中共の無謀さは、脅威であると同時に滑稽である。

香港の「文匯報」（中共系）では「中国は南海での戦争を準備した。南シナ海に関係する国家が挑発的な行動をとれば、中国は必ず徹底的な打撃を加える」（2011年6月18日）と、ベトナムやフィリピンを脅迫している。

梁光烈の率いる人民解放軍「空母艦隊」が完成する時、沖縄も台湾も、戦争の危険にさらされることになる。唯我独尊の中共の専横を、これ以上許してはならない。

「沖縄急襲作戦」準備開始か？

人民解放軍の焦り

中国海軍は、米軍がアジア地域で騒動を起こしている間に、日本の自衛隊が火事場泥棒のように「魚釣島守備隊」を派遣準備中だと、口汚く罵っている。

日本は「防衛白書」の中で、全国均等防衛力整備を改めると宣言し、中国領土である「釣漁島」を含む沖縄地域の「対中共防衛力」を高めようとしている、と怒り狂った解放軍は、国防部長の梁光烈ら「戦争狂」の幹部が進めている沖縄急襲作戦の準備を開始するよう指示を出したものと見られている。

解放軍は、いったん自衛隊の尖閣諸島守備隊の配備を黙認してしまえば、事実上、日本が尖閣諸島を軍事支配することになると焦っている。そうなれば、中共海軍が総力を挙げて奪還作戦を展開することになるが、後手に回れば戦争に負けるとの危機感が強い。だから、中国伝統の卑怯で卑劣な「先手必勝」手段を発動しようとしているのである。

国際法上、ある海域・地域で領有権をめぐって2国間に紛争が発生した場合には、実質上の占領支配を続ける国に優先権が与えられる。だから中国の焦りは深刻であり、先手を打って「釣魚島」を占領しなければならないとの強迫観念に襲われていると言っても過言ではない。これはさらに、中国の「対日戦争への決意」にまで高まっている。

解放軍では、「防衛白書」が表明した日本側の防衛計画を、米軍と自衛隊の一体運用で「対中戦争」を視野に入れたものと見ている。

人民解放軍「戦争狂」たちのもくろみ

「沖縄急襲作戦」の戦端は、「日本に取られた失地回復」を公式に主張するところから切られる。解放軍側は、現在の日中の軍事力・戦闘力を互角と見ている。だからこそ、少しでも有利に戦争を進めなければならないと考えている。

「鹿児島県種子島から沖縄県与那国島までの3600平方キロの島々には16の空港があるが、民間の需要だけ考えれば不要なもので、これらは軍事転用を意図したものであることは明白である」と、解放軍側は見ており、この事実から「日本は沖縄を死守するために中国と戦争をする意志を持っていることは確実だ」と断言している。

日中の開戦直後は非常な困難が予想されるが、駐屯する自衛隊を全滅させれば、長期的に安定した支配が可能になるだろうと、解放軍上層部は楽観しているようだ。

日米安保条約と在日米軍の存在を最初から計算に入れていない傲慢さと滑稽さは、さすがである。なにしろ「まず失地回復を宣言し、沖縄の米軍には、本国に引き上げるなら核ミサイルを使用しないと言っておけば、死ぬのを恐れる米軍はすぐ引き上げるだろうから、われわれの戦争の勝敗には関係ない」などと、解放軍幹部がコメントしているのである。

さらに、「中央軍事委員会の命令が出されれば、釣魚島の問題も一気に解決できる」と語り、「中国は戦争するたびに強くなるのだ」と威張っている。

2010年7月26日には、中国外交部助理・胡正躍が、外交部一行を率いて北朝鮮を訪問したが、「北朝鮮の主人は中国である」との態度を隠さなかった。米韓軍事演習が黄海ではなく日本海で行なわれたのも、中国人民解放軍が米韓を恫喝したからと居丈高に語り、「中国は北朝鮮を支援する。中国海軍はアメリカ空母を撃沈する巡航ミサイルを準備している。北朝鮮政府は中国に対して、武器や軍隊を送って欲しいと懇願せよ」と談判している。

人民解放軍は、米韓を北朝鮮に引きつけておいて、その間に「沖縄急襲作戦」を発動したいのだろうが、中国の「先手必勝」戦略が彼らの予想通りの勝利に結びつくのかどうかは未知数だ。

だが中国は、中央宣伝部や総参謀2部などの工作によって、日本の世論は「親中」「反米」に傾いており、特に沖縄の世論は「米軍基地撤去、日本からの独立」を主張するまでに骨抜きにしてあると自信を持っている。それについては、残念ながらある程度は認めなければならないだろう。

中国が戦争に踏み切るかどうか、すべての鍵を握るのは人民解放軍の「戦争狂」の幹部たちである。

5種類の戦争を準備する人民解放軍

新しい軍組織の創設と軍事強化路線

中央政治局が２０１１年６月に招集した中央政治局・国務院・中央軍事委員会の合同会議で、新しい軍隊創建大綱方針決議が採択された。

総書記であり軍事委員会主席でもある胡錦濤は、結党90周年の講話の中で、「新たな世紀、新たな段階の軍隊の歴史的使命は、国防と軍隊の科学的発展の推進をキーワードとして、軍事闘争の準備を拡張し、深化させることである」と語った。

続いて6月30日には総参謀部の情報化部が創設され、9月下旬には戦略ミサイル部隊の拡大編成により、8個の機動「長距離地対地ミサイル大隊」が設立された。10月28日には核兵器・生物化学兵器装備研究開発センターが作られ、そして11月22日には中央軍事委員会に隷属する解放軍戦略計画部が創設された。

また同じく２０１１年には、建国以来最大規模の軍事学校の大改革が行なわれ、教育資源が再編されて、的確性・有効性・長期展望性が強調されるようになった。そのため中央は８６０億元の軍事費を特別に支出した。

新たに創設されたり、改編されたりした軍事学校には、空軍哨戒学院・海軍陸戦学院・パラシュート兵学院・陸軍装甲部隊学院・軍事先端技術学院・国防情報学院・特殊兵高級学院などがある。まさに号令一下、疾風迅雷の勢いである。

２０１１年10月中旬の中共第17期6中全会（中央委員会第6回全体会議）以降、軍当局は軍隊創建・軍隊増強路線をはっきり打ち出している。

軍事委員会副主席の郭伯雄と徐才厚、国防部長の梁光烈、総参謀長の陳炳徳はいずれも、陸・海・空軍の各総司令部、各軍兵種、各大軍区、省軍区を視察に訪れ、国際情勢や軍隊建設発展に関する報告を行ない、「国際情勢においては引き続き複雑で深刻な変化が発生している。

戦略ミサイル部隊（第二砲兵）。弾道ミサイルの照準は在日米軍に向けられている

世界の新たな軍事変革は猛烈な勢いで発展しており、中国は潜在的な軍事的侵略の脅威や戦争の脅威に直面している。軍隊の近代化建設と軍事闘争の準備工作の推進は一刻も猶予できない」と強調した。

また郭伯雄は山西省の戦略ミサイル部隊を視察したおり、「戦略意識を強化し、抑止力兵器を増強してこそ、不敗の地に立つことができる」と語った。

新世紀における解放軍の歴史的使命と任務

２０１１年11月中旬以来、軍当局は関係する上層部を集め、「新たな世紀・新たな段階の軍隊の歴史的使命と闘争任務」と題する会議を招集している。真っ先に行なわれたのは、蘭州にある戦略ミサイル部隊の基地で招集された「全軍先端技術装備・情報化発展会議」であり、以下の５項目の建設工作や任務が採択された。

（1）先端技術を使った通常兵器の試行調整、大量生産、装備一線部隊の進度を加速する。
（2）資源の投入を増大し、前世代のものを上回る通常兵器の装備と核兵器・生物化学兵器の装備を研究開発する。
（3）抑止力兵器装備の技術・性能を向上させて確かなものとし、臨戦体制を保持できるようにする。
（4）情報化による軍隊増強の完全整備システムを大いに強化・構築し、情報化を確実に作戦訓練・演習の重点任務の一つとする。
（5）軍事学校では、高度な新型軍事戦略に力を入れ、素質の高い技術者の人材を重点的に養成する。

上記の会議に続いて、11月20日には西安で「空軍建設発展工作会議」が招集され、また11月28日には大連で「海軍建設発展工作会議」が招集され、そして12月10日には南京で「戦略ミサイル部隊建設発展工作会議」が招集された。

軍上層部と軍事科学院は、２０１１年12月末、中国の陸・海・空軍の軍事装備を総括・審査し、またアメリカ・ＮＡＴＯ軍との比較を行なって、次のように評価している。

「中国は全体的な軍事装備では10年から15年の遅れをとっている。そのうち空軍は8年から10年、海軍は15年、戦略ミサイル部隊は5年から7年、立ち遅れている。だが、わが国の軍事科学技術の全体的な素質の向上・発展は比較的速やかに行なわれており、条件が整えば2025年以前にアメリカ・NATOと同一のレベルに到達し、いくつかの分野では彼らをリードすることができるようになる」

しかし、少なからぬ軍当局の人間がこの見方には懐疑的で、アメリカ・NATO軍と比べると、解放軍の全体的な軍事装備は20年から30年立ち遅れていると考えられている。

郭伯雄が語った5種類の戦争

2012年1月10日から12日まで、中央軍事委員会は北京西山で「中央軍事委員会拡大会議」と、「全軍による建設強化・祖国防衛・国家核心利益防衛会議」を相次いで招集した。会議期間中、胡錦濤・呉邦国・温家宝・習近平・李克強・李源潮・王岐山、薄熙来・張徳江らの面々が参集した。胡錦濤は初めて軍上層部に対し中央の指揮者に準ずる人々（18大で政治局常務委員となる候補者）を紹介し、相互の顔合わせと関係構築を図った。

会議の席上、中央軍事委員会常務副主席の郭伯雄は、中共中央・国務院・中央軍事委員会を代表して、「全軍は神聖な使命を履行し、軍事闘争の準備を向上・発展・深化させ、国家の核心的利益を防衛せよ」と題する激励演説を行なった。

郭伯雄は次のように述べている。

「国際戦略情勢および中国周辺の安全に関する環境において、各種の予見可能および不可能な危険や挑発が激化・累積しつつあるが、これは我々の主観的な平和願望をもってしては変えることができない。中国が本当に平和的台頭を実現しようとするならば、どうしても軍事装備近代化の向上を加速・強化し、一定の抑止力兵器を保有し、先端的な軍事技術を掌握し、もって妨害を排除し、封じ込めを突破し、侵略を粉砕しなければならない」

彼はまた次のようにも述べている。

「中国の軍隊は平和を熱愛しているが、決して戦争を恐れてはいない。平和的な善意が軟弱で侮りやすいものと曲解されて戦争という事態に立ち至った時、唯一の選択は戦うことであり、戦うとなれば相手を徹底的に叩き、最小の代償を払って最大の成果を獲得するよう努めるほかはない」

そして郭伯雄は、ひとたび戦争が勃発すれば、主として次の5種類の状況があり得ると指摘している。

（1）アメリカ軍や軍事集団が、何らかの口実を設けるか、あるいは事件をでっち上げて、わが国の政治の中心地や軍事要塞に不意打ちをかける。

（2）アメリカ軍や軍事集団が、戦略的な布石として、わが国に対して海上封鎖・航空封鎖を実施する。

（3）南シナ海や台湾海峡で軍事攻撃を受けたことが引き金となって、局地的なハイテク戦争を誘発する。
（４）軍事的な侵略・攻撃を受けたことが引き金となり、軍事的な対立・戦争を誘発し、数ヵ月・数年の間、消耗戦が続く。
（５）核兵器・生物化学兵器による攻撃に遭い、核兵器・生物化学兵器による反撃戦が行なわれる。

中央軍事委員会による軍事装備発展状況の総括

中央軍事委員会は、近年の軍事装備建設の発展状況を次のように総括している。この4年近くは、多くの種類の新型航空機が編制に加えられたことなどを含めて、戦略ミサイル部隊・空軍・海軍の向上・発展が最も早く、最も良好な期間であった。

２０１１年は12隻の軍艦が進水し、合計トン数は8万６０００トンあまりで、その内訳は、「０９６型」潜水艦が2隻、駆逐艦が2隻、護衛艦が2隻、大型のドック型揚陸艦が1隻、輸送艦が2隻、病院船が1隻、そして掃海艇が2隻である。

軍当局の発表によると、1月12日には西北部上空において超音速無人爆撃機の試験飛行に成功し、また1月3日には黄海海域において改良「０９４型」潜水艦から発射された「巨浪‐2型」戦略ミサイルが目標に見事命中したという。

沖縄奪取を狙う中国の秘密計画

東海艦隊司令部の台湾移転計画？

中共の「環球網論壇」が報道したのだが、尖閣諸島を日本から奪い取るため、中国海軍の東海艦隊の司令部を台湾に移転させるという計画が進行中である。これは「琉球群島の千年国家計画」によるものである。

２０１１年末、中共は秘密裏に50万香港ドルを出して、香港や台湾のメディアに広告を出した。内容は「中華民族琉球特別自治区援助準備委員会結成」についてである。

中共は香港や台湾の民間人を利用し、また沖縄県民をも利用して、「中華琉球自治区」なるものを勝手に宣伝しているのである。賛成・反対の意見が多く出るほど、この悪宣伝は既成事実として認められてゆくのだ。

7年前の「沖縄華僑華人連合会」設立から、沖縄と中共の関係は深まっていった。２００４年3月24日、中国人が尖閣諸島上陸に成功した裏には、沖縄在住の華僑や華人の協力があったという事実は、今も中国の愛国ネットに詳しく書かれている。

今後は日本に在住する中国人、華僑、日本に帰化した華人などが沖縄に移住を進めて、中共の計画が順調に進むよう活動を展開するだろう。中共は沖縄だけでなく台湾も奪い取り、東海艦隊司令部を台湾に移転する計画を立てているのである。

沖縄奪取のための「釣魚島五大方策」

中国は沖縄を日本から短時間で切り離し吸収するために、「釣魚島五大方策」というものを掲げている。

(1) 世論戦・文化戦

１９８０年代中期、反日教育としての「南京30万人大虐殺」には日本人政治家たちが協力した。だから今回も、「中華琉球特別自治区援助会」を世界中に宣伝して、反日の日本人政治家たちに協力させる。

中国民間人・沖縄在住の華僑と華人・親中派日本人たちを激励して、国際的に沖縄独立を宣言させるようにする。

(2) 国際紛争への介入

日本がロシアと領有権を争う北方領土問題、韓国と領有権を争う竹島問題、それらに介入して、中国はロシアと韓国の正当性を主張し支援する。それから、日本が中国領土の「琉球」を侵略していることをアピールする。

ロシアには、北方領土の領有権がロシアにあると中国が国際支援する見返りとして北方領土への中国人の移民を認めさせ、現地の開発を急ピッチで行なう。

(3) 日本への経済制裁

台湾問題や釣魚島問題などの中国の核心的利益を妨害する行為を日本が行なうようなら、中国に進出している日本企業をすべて経済制裁として接収し、それらの日本企業を倒産に追い込む。

(4) 琉球を大虐殺被害者として認定

「琉球人」の独立を支持する。琉球は1000年以上にわたり独立国家だった。琉球人の祖先は福建省からの移民であり、琉球人と中華民族は同根同源であるが、1879年に日本によって武力侵略され、琉球民衆26万人余が虐殺された。この数字は、南京大虐殺と遜色ないものである。

琉球は日本から被害を受けており、「琉球革命同志会」の根拠地となるべきである。中国と琉球の親交は1100年前からであり、日本に再侵略されて以降、琉球人民の反日・反米の独立闘争が停止したことは一度もない。

日本は、ただ琉球を信託統治しているだけで、主権は日本にはない。チャンスをつかんで、中国が完全に主権を掌握するべきだ。

中国の学者は、国際学術会議において「琉球と中国」の主権論・国家論・歴史的地位関係などを、証拠を提示して訴え、釣魚島に関する国際的主導権を掌握しなければならない。「沖縄」と呼んではならない。「琉球群島」と表示する。

（５）釣魚島の軍事占拠を推進

海軍と空軍の軍事力を拡充し、兵力の投入が迅速に行なえるようにする。釣魚島上陸作戦に備える。釣魚島上陸のため海軍・空軍・陸軍が合同で作戦を調整する。

米軍が沖縄から撤退するときがチャンスであり、その時には釣魚島を武力で制圧する。そのために重要なことは、解放軍東海艦隊司令部を台湾に移転させることである。

中国はこのような計画を立てているのである。

台湾よりも沖縄が狙い

東海艦隊司令部は、はたして台湾移転など可能なのだろうか。アメリカと台湾は合同で中国共産党の侵入を防いでいるので、台湾を武力で奪取するなどというのは不可能だろう。

そこで「中華琉球特別自治区」という企画が出てくる。

沖縄と呼ばず琉球というのにも意味がある。これは中国の人民に対する教育の一環でもある。沖縄県民を扇動して、反米・反基地運動を活発化させ、独立機運を高め、それを支援しながら沖縄に中国人を移民させるのである。

沖縄にある華僑総会や華僑商工会などの中国人は、世界中の華僑・華人に呼び掛けて、沖縄と交流し貿易し、沖縄に会社を設立させようとしている。

世界中の華僑・華人は、アメリカ在住が最も多い。アメリカのマスコミが中国の宣伝をするときには、中共から資金提供を受けている。中共の直接投資である中国語メディアの設立や、孔子学院などの中国語学校の設立、各種華僑団体の結成を促し、イデオロギー宣伝の手段として活用する。

日本にはこの20年間で100種類以上の華僑・華人団体ができた。前述のように、2004年に中国人が尖閣諸島上陸に成功した裏には、沖縄在住の中共華僑の協力があったからである。もしもアメリカが沖縄から撤退するようなことがあれば、解放軍は一気に沖縄を占領し、沖縄に東海艦隊司令部を移転させるだろう。

解放軍系のネット「鳳凰衛視」の「軍情観察室」が2012年2月23日に報道したところでは、解放軍は2012年に入ってから対日姿勢を強硬にしているという。民間船や保釣運動の船などが日本領海に行くことを解放軍が支持するかどうかというネット上の質問に対して、軍事評論家の馬鼎盛は、解放軍の強硬意見を代弁して訴える。

「日本の国民と議員の一部は、本籍地を魚釣島・竹島・沖ノ鳥島・北方4島に移転している。国際領有権紛争地だと、日本の法律も認めている。これらの島で外国軍による侵犯事件があれば、日本の民間船が上陸し、続いて自衛隊が上陸するだろう。

今年は解放軍は新しい動きをする。漁業保護の名目で釣魚島や沖ノ鳥島などへも巡航することに決定している。

われわれの希望はかなうので、もう少し待っているべきだ。日本人が本籍を移転させたようなことは、われわれにも可能なことであり、南沙諸島や西沙諸島にも移転することが可能で、それは大義名分のある正当な中国の主権である」

この馬鼎盛の言葉は、そのまま中国人民解放軍の言葉である。

本書の校了直前の２０１２年5月18日、アメリカ国防総省は、２０１２年版「中国に関する軍事・安全保障年次報告」を発表した。

この報告では、中国が台湾海峡有事の際にアメリカなど第三国の介入を阻止できる戦力を確保し、さらに「経済、外交上の新たな利益を創出するため、地域におけるプレゼンス拡大を目指している」と指摘、外洋の前方展開能力を重視して、軍の近代化が進められると分析している。

また、海軍戦力増強のため国産空母の建造を開始、２０１６年以降に運用可能になるとしている。

人民解放軍は、明確に覇権の拡大を狙っているのである。

あとがきにかえて――四川大地震に隠された解放軍の「知られたくない真実」

今年、２０１２年5月10日、中国雲南省で赤ちゃんを抱えた若い母親が、爆弾を体に巻きつけて共産党指導者たちの中に飛び込んだ。衆人環視の中、20人以上の死傷者が出たが、この大事件は報道されることはなかった。

この若い母親は、夫を政府官僚に殺されていた。夫の仇を討つと同時に、親子3人はあの世で幸せになろうとしたのである。こんな事件は、今の中国では珍しいことではない。

反共産党の人民の戦いは頻発しており、中共内部の改革派と連携する数億人の戦いは、数年のうちに中共政権を転覆させることになるかもしれない。

さて、5月11日の「阿波羅新聞網」は、世界中から四川省の被災地に送られた義援金が軍隊のために使われていた事実を報道した。

四川省では、4年前の２００８年5月12日に大地震が発生した。中国キリスト教信者で民主党員の陸東は、3年間の現地調査によって記録を集めた。それで明らかになったのが、この大地震は地質上の地震ではなく、地下で核兵器が連続的に爆発したことによるものだということだった。

この大地震の被害は莫大なもので、世界中から義援金が届けられた。（日本からも5億円以上が届けられたという）それら世界中からの義援金のうち、実に80パーセント以上は、中共政府と人民解放軍に使用されたと陸東は話している。

「阿波羅新聞網」の張子純記者によると、地震の後に国内各地からの義援金だけで767億1200万人民元が集まったが、四川省政府幹部は義援金で立派なビルを建て、さらにはポケットにも入れたという。詳細は調査中とのことであるが、四川省の被災者の住宅は緊急に修理しなければならない状態なのに、義援金は被災者の手元には届いていない。

射洪県陳鼓鎮大湾村の取材中、住民から「身分証明書を持っていけば400元くれると言われたが、もらったのは20元だけだった」との話を聞いた。数百億元もの義援金はどこへ行ったのかは不明で、村長も共産党書記も、「義援金の管理は厳重だった」と言うのみである。

江福海の取材で、地震で被災した東汽中学校の江任軒の父親は、「われわれ被災者は、莫大な義援金がどこに使われたのか知りたい」と、声を荒げた。

前出の陸東によると、中共民生部の資料では義援金の合計は、555億元となっているとのこと。そのうちの約90億元は汶川に使われ、残りの少額が北川に使われていると言われているが、よく知られているところでは、大部分の義援金は新疆建設兵団に使われているという。なぜこんな巨額の金を新疆建設兵団に使うかと言えば、中共軍事戦略上の西部方面への戦力配置のためである。

今年5月11日、50人のキリスト教の民主党員たちがニューヨークにある中国領事館の前で集会を行なった。このとき訴えたのは、四川大地震に対する義援金は、北川龍門山の核兵器爆発の真相を隠蔽するために使われたのではないかということだった。

四川省大地震の時、北川の地下にある核兵器が爆発し、5月23日に龍門山は吹き飛んだのであり、中共政府と解放軍ミサイル部隊は被災者に賠償しなければならない――これはニューヨークの集会でのスローガンとなった。

しかし、中共政府は自然地震だと言い張り、人民は欺かれていたのである。

四川省綿陽は解放軍の核兵器基地のひとつである。ここには核兵器研究施設である中国工程物理研究院がある。地震後の6月27日、化学防護部隊2700人が核物質に対する応急救護のために派遣されている。

前出の陸東によれば、青海省玉樹地区の4月14日の地震も、四川省北川龍門山の5月12日の地震も、ふつうの地震ではなかったという。四川省では綿陽から北川までの国道が60キロにわたって破壊され、青海省では玉樹の国道が800キロにわたって破壊されている。山が吹き飛び、国道が破壊されるという地震は、ふつうではない、と陸東は訴える。

四川省では地震当時、多くの軍用車に白色の化学防護服を着用した兵士が乗っているのが見られ、これについて解放軍上層部の関係者は、「四川省の大地震による連続爆発で、中国最大規模の核兵器貯蔵庫が破壊された。ここには最新兵器の試験基地と核兵器試験施設も含まれている」と語っている。

東南アジアのある地震研究者は、四川大地震後のデータによって、震源中央で放出されたエネルギーは核爆発と同じものだったと確認したそうである。

世界中からの義援金の80パーセントが軍隊に使われたというのは、以上の状況から理解できる。このようなやり方は、中国人にはおなじみのものである。


中国の軍隊を「強国強軍」という中共の方針に従って強くしたのは、日本とアメリカの支援である。

元中共主席・劉少奇の息子で総後勤部政治委員の劉源大将（薄熙来派）、元軍事委員会主席・張震の息子でミサイル部隊政治委員の張海陽大将（薄熙来派）、死去した中共特務のトップ・羅青長の息子である羅援少将（日本領土の尖閣諸島で軍事演習を行なった張本人）、元中共主席・朱徳の息子である朱成虎たちは、「核兵器でアメリカと戦争し、国民半分の7億人を処分しろ」と語っている。

胡錦濤、温家宝らの「青年団派」と習近平との内紛は激しさを増し、四川大地震の被災者に関心を示す暇もない。現政権は薄熙来派の勢力からものすごい攻撃を受け、仕方なく習近平と握手して薄熙来をやっつけたのだ。

共産党が中国を統治して60年になるが、いまでも5000万人の子供は無国籍であり小学校にも入学できない。数千万人の貧困女性たちは売春によって生計を立てている。そんな中でも四川省の大地震で世界中から寄せられた義援金を、貧しい被災者に配給しようとはしない。中共にとっては、国防こそが最も重要なことなのである。新型兵器の開発こそが優先されることなのである。巨額の義援金は、最初から軍事に利用するつもりだったに違いない。

13億の中国人は誰ひとり、共産党の発表を信用していない。そして共産党と解放軍の指導部は自国民がどれだけ死んでも、武器を開発してアジアの覇権を握り、世界の資源を独占したいのだ。これが中国の真実なのである。

２０１２年5月15日

鳴　霞

装幀　渡部和夫（Watanabe Office）

中国人民解放軍
知られたくない真実
変貌する「共産党の軍隊」の実像

2012年6月26日　印刷
2012年7月2日　発行

著　者　鳴霞

発行者　高城直一

発行所　株式会社　潮書房光人社
〒102-0073
東京都千代田区九段北1-9-11
振替番号／00170-6-54693
電話番号／03(3265)1864(代)
http://www.kojinsha.co.jp

印刷製本　株式会社シナノ

定価はカバーに表示してあります
乱丁，落丁のものはお取り替え致します。本文は中性紙を使用

ISBN978-4-7698-1523-5 C0095